Nゲージモデルで知る
型式ガイド 機関車編

Nゲージモデルで知る
型式ガイド 機関車編

CONTENTS

ディーゼル機関車編

※掲載している内容は「エヌ」で連載した記事に加筆・訂正したものです。
※記事中で紹介しているモデルは現在欠品中のものもあります。最新の再生産情報を確認してください。

電気
機関車編

ブルートレインの牽引は
電気機関車にとって
華々しい活躍の場だった…。

EF15

貨物用電気機関車の標準機として、1947年に登場したEF15。
貨物機らしく1軸先台車付きの
小さなデッキを構えた質実剛健なスタイル。
また一部は山岳路線用のEF16に改造。
EF15は、直流電化された路線の大半で、
EF16は板谷峠と上越国境で活躍した。

EF15

標準型として製作された
貨物用直流電機

貨物用と旅客用、共通の基本設計を持つ姉妹機として開発された2種類の電気機関車。
そのうちの貨物用がEF15だ。戦後、急速に進められた電化に対応して大量に増備され、
直流電化された各地の主要路線で活躍した。

設計の基本はEF13

　太平洋戦争で大きく疲弊した日本の鉄道は、戦後新たなスタートを切った。復興を進めるにあたり、鉄道の輸送量増加が見込まれることや、石炭産出量減少で蒸機への依存が難しくなりつつある点を考慮し、幹線の電化が強力に進められた。

　終戦時点の国鉄（当時は運輸通信省鉄道総局）で電化されていたのは、首都圏と関西の電車区間や碓氷峠のアプト区間、関門トンネルなどの特殊なところを除くと、東海道本線沼津以東、中央本線甲府以東、そして高崎線だけだった。

　幹線の電化を本格的に進めるには、新たに標準的な電気機関車が不可欠となる。そこで設計されたのが、貨物用のEF15と旅客用のEF58だ。

　設計の基本となったのは、それまでの最新の電機で、戦時中から終戦直後にかけて製

F級貨物用電機の系譜

　国産F級貨物用電機の歴史は、1934年登場のEF10にはじまった。1941年までに41両を製造する間に、車体はリベット組み立てから溶接によるスマートな丸型、さらに同じ溶接ながら角型へと変化。また、台車枠も一般的な棒台枠のほか、増備途中で一部に鋳鋼製を使用した。

　1941〜44年には、角型溶接車体・棒台枠のEF10を基本に、出力アップしたEF12を17両製造。1944年には戦時設計に改めたEF13に移行する。材料節約のため車体は凸型となり、1946年までに31両が製造され、後に普通の箱型車体に換装された。

EF10（1934年）
側面に幾筋も入る縦線は、ボディのリベット接合部分。初期のEF10をはじめ、当時の電気機関車の特徴だ。●マイクロエース

EF12（1941年）
戦前製電機の最高傑作、EF12。EF10の後期型と同様に、ボディは溶接接合。車体の造形に変化が見られる。●マイクロエース

EF13（1944年）
戦中の資材不足のため、当初はDD51のような凸型で登場したEF13。後にEF58の旧型ボディと載せ替えられた。●マイクロエース

造されたEF13だった。しかしそれは資材不足の時代に生まれたので、車体を凸型とするなど、極端に質素な姿だった。

EF15とEF58は、これを本来の仕様にするとともに、製造や保守を容易にすべく、両者の設計は極力共通化された。

同一の車体形状である
EF15とEF58

国産の本格的な幹線用貨物用電機は、1934年登場のEF10以来、車軸配置1C-C1を踏襲してきた。EF15の足まわりも同様で、それに載る車体は溶接工法による箱型。凸型車体のEF13以前に製造され、戦前製貨物用電機の最高傑作といわれたEF12に、基本スタイルは似ている。

しかし、台車枠前端部の幅が狭く、その外側に先輪が出ているところなどが、独特なものとなっている。

並行して設計されたEF58は歯車比を高速化し、走行安定化のため先台車を2軸化した以外、EF15と設計は基本的に共通で、車体形状もまったく同一だった。

終戦後間もなく設計をはじめた両形式。EF58は1946年、EF15は1947年に、それ

COLUMN
不均等な動輪軸距の秘密

EF15をはじめとしたF級の旧型電機は、ひとつの台車に3軸の動輪を持つ。その軸距は第1-2軸間より第2-3軸間のほうが大きい。

これは各動輪を駆動する電動機の搭載位置によるもの。第1軸と第2軸はともに後側、第3軸は前側に電動機を置く。そのため、第2-3軸間には電動機2基分のスペースが必要となり、間隔が広くなるのだ。

第2軸と第3軸の間には2つの電動機（モーター）が入るため、軸距が広くなる。

ぞれ製造第1号が落成した。この頃はまだ復興の途上にあり、パンタグラフは電車用のPS13を流用し、屋根上のモニターを省略するなど、貧弱な部分もあった。

しかし、その後量産が進む過程で完成度を高め、国鉄電機のスタンダードの地位を確立していった。

EF15 SERIES PROFILE 1

EF15 8
製造度：1948年／台車：HT61／主電動機：MT41×6
初期に製造されたEF15 1〜8・16〜33は側面窓が当初6枚（機械室部4枚）で、後に大部分が7枚（機械室部5枚）に増設された。この8号機は1952年に板谷峠用のEF16に改造、1968年にEF15へ復元という経歴を持つ。前面ドアのツララ切りが、板谷峠時代の名残。●マイクロエース

EF15 46〜129（暖地仕様）
製造初年度：1952年／台車：HT61／主電動機：MT42×6
EF15のうち1952年製の46〜129は、側面窓9枚（機械室部分は7枚）、モニター屋根付き、PS14パンタグラフ（一部PS15）、動輪あたり砂箱2個、プレート式ナンバーという標準的な仕様で量産された。このグループは前面窓Hゴムなしで落成したが、大部分は後にHゴム化された。●KATO

水上〜湯桧曽間の水上橋梁をイメージした、EF15の
牽引する上越線の貨物列車。EF16が前補機を務める。
下り線には、165系の急行『佐渡』が行く。EF16＋
EF15●KATO、165系●TOMIX

EF15の姉妹機、EF58

EF58はEF15と同時期に量産された旅客用直流電機。車体は流線型でまったくの別物に見えるが、じつはEF15と基本設計が共通の姉妹機だ。

EF58のうち初期の31両は、EF15と同様の箱型車体（側面窓6枚）にデッキ付きというスタイルで、歯車比を高速型、先台車を2軸にして誕生した。

その後の増備では車体が流線型になるが、走行系は初期型を踏襲。初期の31両も後に新製した流線型車体に載せ替え、降ろした箱型車体はEF13に転用された。

EF15の先台車を2軸にした初期のEF58（手前）。後に大容量の暖房用ボイラーを機関車内に搭載するため、ボディを大型化（奥）した。なお、写真奥の35号機は、デッキ付きで落成する予定の車体に流線型の前頭部を接合したため、側窓が7枚ある。手前からEF58デッキ付き●マイクロエース、EF58 35号機●KATO

最大勢力にまで成長した電気機関車

デビュー当初は戦後すぐの資材不足を引きずっていたが、
世の中の復興が進むにつれて改良が加えられ、完成されたスタイルへと進化する。
デッキと先台車を持つ旧型電機では、最後の新製形式を飾るとともに、
当時最大数の電機にまで成長した。

最多製造数を誇った
デッキ付き旧型電気機関車

　1947年に誕生したEF15は、まず翌年までに1〜8・16〜33が製造された。当時はまだ終戦間もないため製造は順調に進まず、番号順の落成となっていない。

　これらはPS13パンタグラフ装着、モニター屋根省略のほか、前面窓にツララ切り（ヒサシ）がなく側面窓は6枚と、非常にシンプルな外観で落成。そして運用開始から間もなく、パンタグラフがPS10BまたはPS14に換装され、一部を除き側面中央に窓が1枚追加された。

　そして少し間をおいて、1951年から9〜15・34以降の増備を再開。この時からパンタグラフはPS14、前面窓ツララ切りとモニター

旅客用ベースの貨物機 EF14

　1928年に登場した国産初の大型電機、EF52のうち2両は、歯車比をより高速型にしEF54と改称された。しかしこの2両は、戦時中に歯車比を低速型に変更して貨物用に転用。形式はEF14となった。

　誕生の経緯は異なるが、EF15・58以前にも旅客用と同じ設計の貨物用電機が存在した。

旅客用のEF52を貨物用にしたEF14。先台車は2軸のままだった。手前からEF14、EF52 ●ともにマイクロエース

EF15 SERIES PROFILE 2

EF15 46〜129 （寒冷地仕様）
製造初年度：1952年／台車：HT61／主電動機：MT42×6
スノープラウ、気笛カバー、デフロスターを備えた寒地仕様。おもに上越線や新潟地区での運用のための装備だが、首都圏の広範囲や身延線などでも見られた。台車枠の前端部の幅が狭く、上から見て先台車の板バネが斜めに置かれているのも、EF15の特徴。写真は2位側。●KATO

EF15 最終タイプ
製造初年度：1958年／台車：HT61／主電動機：MT42×6
増備後半に入ったEF15は、PS15パンタグラフ、切抜文字ナンバー、モニター屋根窓のHゴム化といった改良が段階的に採用された後、1953年製の162号機以降は最終形となる。このグループは前面窓と側面中央3枚の窓がHゴム支持化（一部は側面にHゴムなし）されている。●TOMIX

屋根を新設、側面窓9枚というスタイルで落成し、主電動機出力も強化されている。

その後の増備の過程では、砂箱の数を動輪あたり1個から2個に増やし、パンタグラフを新しいPS15に変更。さらにナンバープレートの切抜文字化、前面窓や側面中央の3枚の窓をHゴム支持化するなどの進化を続けた。

後続の直流電機EH10（1954年）、ED60・ED61（ともに1958年）が登場してからもEF15の増備は続き、最終的に1959年までに202両が製造された。これは当時の国鉄電機単一形式の最大数となっている。

2軸先台車付き貨物機 EF18

EF58の初期31両に続く32～34の3両は、製造途中で工事が中断され、貨物用に歯車比を変更して1951年に落成した。

形式はEF18を名乗り、番号はEF58で予定された32～34をそのまま付番。EF15に準じた性能・EF58に近いスタイルで、わずか3両という異端児になった。

外観は初期EF58と同様の箱型車体＋デッキ付きだが、車体は同時期に増備されたEF15と同一で、側面窓が多い。●マイクロエース

全国の直流区間で長きにわたり活躍

国鉄直流電化区間の大部分に足跡を残したEF15。
貨物列車の象徴的存在だったこの機関車は、登場から約40年にわたり活躍を続けた。
その間には、特殊な運用に対応するため、別形式に改造された車両もあった。

板谷峠と上越線用のEF16

1949年、奥羽本線福島～米沢間が直流電化された。その際投入されたのは、EF15初期製造車12両。この区間は急勾配と急カーブが連続する板谷峠を含み、冬期の気象条件も厳しいため、前面の窓とドア、そしてヘッドライトの上にツララ切りを装着した。

さらに、下り勾配でブレーキを多用するため、過熱した車輪を冷却する水タンクを屋根上に搭載。独特な重装備となった。

しかし、それでも下り勾配でのブレーキ負担が過大となる問題は一掃できず、1951年に回生ブレーキの追加工事を施し、EF16と改称された。

続いて上越線の補機用にも、1955～57年に12両のEF15がEF16に改造された。

回生ブレーキのパイオニア、EF11

車両の走行用電動機を発電機として機能させ、その抵抗でブレーキをかけるとともに、発生した電気を架線に送り、ほかの車両に供給するのが回生ブレーキのメカニズムだ。

これを国産電機で最初に採用したのは、EF10を基本にしたEF11だった。1935・36年に4両が製造され、1～3と4では車体形状が大きく異なる。EF16の回生ブレーキは、基本原理はEF11のものを応用した。

EF10をベースに回生ブレーキを搭載して新造されたEF11。上越線や中央本線で貨物列車や旅客列車を牽引した。●マイクロエース

EF15 SERIES PROFILE 3

EF16 上越線仕様1
改造初年度：1955年／台車：HT61／主電動機：MT41×6
初期のEF15のうち16～19・24～28・31～33は1955～58年に上越線用のEF16に改造された。このグループも耐寒・耐雪装備を持つが、前面ドアとライトのツララ切りはなく、砂箱は動輪あたり1個だ。また、写真のモデルのように、屋上にグローブ型ベンチレーターを持つものもあった。●KATO

EF16 上越線仕様2
改造初年度：1955年／台車：HT61／主電動機：MT41×6
初期のEF15には車体の高さが2種類あった。その差は実車で100mmと、Nゲージの縮尺ではほとんどわからないが、このEF16 30は低いほうの車体（EF15 32から改造）。上越線のEF16は水上～石打間（一部は長岡）で貨物列車および旅客列車の前補機を務めた。●マイクロエース

こちらは板谷峠ほど厳しい条件ではないので、前面ドアとヘッドライトのツララ切りの追加はなく、回生ブレーキの仕様も異なる。そのため、板谷峠用はEF16 1～12、上越用はEF16 20～31と番号が区別された。

その後、奥羽本線にEF64が投入されたのにともない、1965年に同線のEF16は上越線に移った。EF16 11・12はそのまま活躍を続けるが、残る10両は間もなく回生ブレーキを撤去し、EF15に戻された。

1986年まで活躍した貨物の代表機

長く全機健在だったEF15も、やがて国鉄の貨物輸送の縮小、新型機の増備といった逆風にさらされ、幹線からは徐々に撤退する。

余剰となったEF15は地方線区に活路を見出し、1970年代以降、両毛線、吾妻線、身延線、青梅線などで戦前製の電機と交代して使用された。また、1978年10月に電化された紀勢本線新宮～和歌山間でも、貨物列車を担当した。

このように活躍の舞台を移す仲間が現れる一方、1978年から廃車もはじまる。当初は初期製造車から淘汰されたが、1980年代になると後期製造車も含めて廃車のペースが加速。その間、1980年にはEF16が稼動を終えている。

最末期のEF15は、東日本で1985年まで吾妻線、青梅線、南武線、身延線などに残り、西日本では1986年に阪和線、紀勢本線の運用が終了した。

EF15からEF16への改造一覧

種車	改造後	EF15への復元
EF15 1～8	EF16 1～8	○
EF15 16～19	EF16 20～23*	
EF15 20・21	EF16 9・10	○
EF15 22・23	EF16 11・12	
EF15 24～28・31～33	EF16 24～31*	

注　EF16 1～12は板谷峠用、EF16 20～31は上越用
※改造前後で番号の順序は一致しない

EF15 新製時の形態

	側面窓数	砂箱数※1	モニター屋根	前面窓Hゴム	側窓Hゴム※2	ナンバー	通風器
1～8・16・18・23～33	6※3	1※4	×	×	×	プレート	ガーランド
17・19～22	6※3	1※4	×	×※5	×	プレート	グローブ
9～11・34～36・40～42	9	1	○	×※5	×	プレート	ガーランド
12～15・37～39・43～135・139・140	9	2	○	×※5	×	プレート	ガーランド
136～138・141～161	9	2	○	×※5	×	切抜文字	ガーランド
162・179	9	2	○	○	×	切抜文字	ガーランド
163～178・180～202	9	2	○	○	○	切抜文字	ガーランド

※1 動輪あたりの砂箱の数　※2 側窓Hゴムは中央部の3枚　※3 一部を除き後に7枚に改造
※4 後に2個に増設されたものあり　※5 後にHゴム化されたものあり

EF57

数ある旧型電機のなかでも、無骨なスタイルの大型ボディで人気のあるEF57。
幹線の優等列車を牽引し続けた電気機関車の雄を追う。

EF57

旧型機関車の個性派

茶色のボディにデッキと先台車。旧型電機は興味がなければどれも同じに見えてしまうが、EF57は独特のシルエットで個性を主張する。見た目も走りも個性的な機関車だ。

EF56の出力を増強

現在、機関車が客車を牽引するケースはほとんどなくなったが、かつては長距離旅客輸送は客車列車が中心だった。そして、蒸気機関車・電気機関車は旅客用と貨物用である程度区別されていた。

EF57は旅客用の電気機関車として1940年に登場した。1号機は当初、EF56の13号機として製造が進められていたが、出力を275kWにアップしたMT38モーターを搭載したことから、新形式に改められた。

茶色の箱型でデッキ付きの旧型電気機関車の見た目は、旅客用も貨物用もほとんど変わらない。だが、EF57は旅客用のため客車に暖房を提供する装置を搭載していた。

蒸気機関車時代は蒸気を利用した蒸気暖房が主流だったが、蒸気機関を持たない電気機関車の場合、暖房を供給する熱源として蒸気発生装置（SG）が必要なのだ。

EF57はEF56と同様に乗務員室と機器室の間にSGを配置。そのため、1号機はパンタグラフがSGの煙突と干渉しないよう車体中央に寄っていて、それが外観上の大きな特徴になっている。

パワーアップでさらに変化

1号機はEF56とほぼ同じ外見だったが、モーターはパワーアップしたMT38モーターを6基搭載している。そこで生じた問題に対応するため、2号機以降外観が変化した。

まず、モーターの性能向上による機器類の発熱に対応するため、冷却装置を向上させるべくベンチレーターが増設された。

また、パンタグラフは2基を中央に寄せる配置では集電性能に問題があるので、できるだけ間隔を離して配置することとした。これは、ベンチレーター増設のためにも必要なことだった。

旅客用と貨物用の違い

旧型電機は旅客用と貨物用に分かれているが、これはギア比を変えることで貨物用は牽引力重視に、旅客用は速度重視にしている。外見上では高速で走る旅客用は先輪が2軸ボギーが多いのに対し、最高速度65km/h程度の貨物用は先輪が1軸となっている。

貨物用ということで最高速度が低いため先輪は1軸。先輪を減らし、重量を動輪にかけて牽引力を増やすのが貨物機の基本。EF10 ●KATO

高速運転する旅客用は、重たい台車がまっすぐ進もうとする力をカーブやポイントで和らげるため、先輪が二軸となっている。EF53 ●マイクロエース

　結果、パンタグラフはSGの煙突を避けるため、屋根の端ギリギリに取り付けられることになり、それが1941年に登場した2号機以降のスタイルとなった。

　1949年に東海道本線が浜松まで電化されると、桁下の低い陸橋をパスできるようパンタグラフの高さを下げる必要があった。そのためパンタグラフの位置をさらに450mm前方に突き出し、車体からパンタグラフがはみ出す独特のシルエットとなった。

　特徴的な姿は、モーターのパワーアップや走る路線の事情から生まれたのだ。

ディテールチェック 1号機の特徴

15両つくられたEF57のうち、1号機だけは2号機以降とスタイルが大幅に異なる。そのスタイルを模型で確認してみよう。

パンタグラフが内側にあり、ほかのEF57と外見が大きく異なる。

デッキはEF56と共通。高速旅客用なので先台車は2軸となっている。

1号機の屋根部。東海道本線時代はベンチレーターの位置にSGが搭載されていた。

1号機はEF56と同じボディなので通風口は少なめ。後に温度上昇に悩まされることになる。

1号機はテールランプが埋め込み形となっている。

ライトは屋根上にのる形。なお、窓上のひさしは上越線転属の際に設置。

丸みを帯びたモニター屋根、パンタグラフがあるため、ベンチレーターの数が少ない。

東海道のスターに君臨

東海道本線といえば、新幹線開業までは屈指の花形路線だ。国鉄の中でも花形路線だ。
そこで特急列車を牽引したEF57は、その独特のスタイルで今も根強い人気を誇る。

花形電機として活躍

　新造されたEF57は沼津機関区に配置され、東海道本線の特急・急行列車を中心に活躍をはじめた。大出力のモーターを歯車比2.63でまわすため、定格速度は79km/hときわめて速い。最高速度95km/hにも余裕で対応し、平坦線で走る分には抜群の高速性能を発揮した。

　程なく第2次世界大戦がはじまり、特急・急行列車は減便・廃止の憂き目にあうものの、旅客需要そのものは旺盛であり長編成の客車列車の先頭に立って走る姿に変わりはなかった。

　性能は高速運転側に振っているため、引張力は定格で7650kgほど。当時の貨物用機関車の6割弱しかないため貨物列車の牽引にはまるで向かないのだが、それでも戦時中は比較的軽量な高速有蓋貨車を牽引したこともある。

　戦後は旅客用の後継車であるEF58形が登場し、東海道の主役交替なるかと思われたが、当時のEF58にはSGが搭載されていなかったため、東海道本線の優等運用は引き続きEF57が担当した。

『つばめ』も牽引

　1949年に復活した『つばめ』編成は、最後尾に1等展望車マイテ39をつなげ、2等車5両、食堂車1両、3等車2両・3等・荷

戦後製旧型電機

　EF57の後釜として登場したのがEF58で172両がつくられた。当初はデッキ付きのボディでSG非搭載だったが、SG取り付けにあわせてボディを取替え、正面2枚窓の独特な姿となった。EF15はEF58と共通の電気機器でギア比を貨物用とした車両。202両が製造され、1985年まで使われた。

SG搭載にあわせボディの乗せ替えがおこなわれたEF58。前パンタグラフの脇にSGの排気口が見える。●KATO

EF58はデビュー当時、デッキ付きの車体だった。屋根に煙突がないことからもわかるように、このときはSG未搭載だった。●マイクロエース

EF58には塗装違いやひさしの有無などさまざまなバリエーションがある。写真は茶釜でひさしなしとなっている。●KATO

物合造車1両の豪華編成で登場。EF57は東京〜浜松間を担当した。

しかし、1953年に東海道本線が名古屋まで電化されると事情が変わった。東京〜名古屋間約360kmを連続で高速運転するには、EF57の平軸受けの軸箱では不安があること、編成両数が伸びるとEF57のSGでは全車両に暖房がいきわたらないなどの理由から、旅客列車はEF58に置き換えられている。

その後、EF57は上越線に新たな活躍の場を見出すことになる。

ディテールチェック 2号機の特徴

2号機以降はベンチレーターの追加がおこなわれ、パンタグラフも集電性能を上げるために両端に寄せられた。

パンタグラフが両端に突き出した形になり、これがEF57のスタンダードになった。

先台車部分は手すり形状が1号機と異なる。

ひっかけ式のテールランプになっている2号機以降。

モーターがパワーアップした分通風効果をあげるためのルーバーが目立つ。

ヘッドライトは貫通扉上部のステーにのる形になった。

模型はSG撤去後の姿だが、当初はパンタグラフの直後にSGの煙突があった。

屋根上には通風機をずらりと並べて冷却性能を上げている。

時代は変われど…

1960年代になるとシステムを一新した新型機関車が登場する。
しかしEF57は持ち前の高速性能を武器に、
これら新型機に伍して、幹線旅客列車を担当した。

新型機関車登場後

戦後、新しい概念で設計されたEH10形以降さまざまな機関車が登場したが、EF57はそんな新型機関車と肩を並べて1977年まで使用されている。

走行性能においてはEF60やEF65は客貨両用とはいいつつも、どちらかというと貨物列車牽引用、すなわちトルク重視のセッティングとなっていた。

EF57は出力こそ1650kWに過ぎないが定格速度が高いため、せいぜい500t未満の旅客列車牽引であれば、新型機関車よりもむしろ扱いやすい部分があった。

少なくとも一時期ブルートレインを牽引したEF60 500番台（定格速度39km/h）などよりはよほど旅客列車の牽引に向いていたともいえる。

COLUMN

旧型電機と新型電機の違い

新型と旧型のもっとも大きな違いは旧型機は牽引力を台枠だけで支えているのに対し、新型機は電車同様ボディ全体で牽引力を支えているという点だ。力は目に見えないので見た目ではわかりづらいが、連結器の取り付け方も牽引力の伝達方法の違いから異なっている。

旧型

旧型電機はデッキ付き箱形ボディのスタイル。

新型

新型電機はデッキがなくなり、スマートなスタイル。

台枠で牽引力を出しているため、連結器が台枠に付いている。

新型機は台車からボディに牽引力が伝達するため、連結器も車体に取り付けられ、先台車も不要だ。

また、ブルートレインなど固定編成の車両ではない客車列車、いわゆる雑形客車の牽引ではSG搭載というのは大きな条件となる。

たとえばEF64やEF65は高速域の余力が増え、走行性能だけならEF57を淘汰するにふさわしい性能だが、SGを持たないため旧型客車の牽引では暖房が使えない。

そうなると、旧型客車の牽引はSGを搭載したEF57やEF58の担当とならざるを得なかったのだ。

活躍の場は上越・東北へ

高速性能と牽引力に優れたEF58の登場後は、
上越線・東北本線に活路を見出したEF57。
晩年も全盛期ほどではないにせよ、優等列車の先頭に立って活躍する姿が見られた。

不向きだった上越線運用

上越線は東海道本線と異なり、途中に連続勾配区間がある。EF57はこれを持ち前の大馬力でなんとか乗り切ろうとした。

しかし、EF57はあくまでも平坦線を高速で走るための機関車であり、連続勾配を走り抜ける運用は想定していなかった。

長岡行きはモーターや抵抗器の熱容量いっぱいの過酷な走りを強いられ、上野行きは発電ブレーキを持たないために車輪が熱を持たないよう、絶妙なブレーキワークが要求された。

このように、線形とEF57の性能があまりマッチしていないこともあり、上越線が新潟まで電化されるにあたり、EF58が再び転属することになった。

そのため、EF57は5年ほどで東北本線に全車両が転属する。

最後の花道東北本線

最後の職場となったのは、東北本線の上野～黒磯間。ここで東北筋の旅客列車・荷物列車牽引を担当する。この頃になると20系や12系など、SGがなくても暖房が使える客車が増え、旧型客車も電気暖房を装備した車両ばかりとなる。

そこでEF57もSGを取り外し、電気暖房用のMGが搭載され、屋根の表情が変わった。

しかし、1970年代頃からの猛烈な旅客列車の電車化・気動車化は機関車の働き場所を奪っていく。特に直流電化区間ではそれが顕著で、EF57も荷物輸送の縮小・旧型客車の廃車と運命をともにすることになる。

それでも14系座席車の臨時特急や、20系客車の夜行急行『新星』などを牽引する機会があり、古い車両にありがちな「晩年はローカル線で地味に一生を終える」ような形ではなく、最後まで幹線で列車を牽引した。

花形電気機関車は最後までその威厳を保ったままだったのだ。

EF57の遊び方

旧客からブルトレまで

EF57は国鉄時代の客車列車であれば、50系や14系・24系などの例外を除いてたいていの客車の先頭に立たせてもサマになる。

晩年には12系・14系・20系といった客車を牽引しており、茶色い機関車と青い客車の組み合わせは案外しっくりくるものだ。

東北本線時代を楽しむなら「43系夜行急行『八甲田』のセット」や「10系寝台急行『津軽』セット」（ともにKATO）などがおすすめ。荷物車・グリーン車・寝台車などさまざまな車種が含まれた編成は、見た目もバラエティ豊かだ。

脇役もそろえよう

「時代」を演出するなら脇役、すなわち一緒に走らせる車両だ。EF57の活躍時期は戦前から1978年までとたいへん長いので、さまざまな車両と組み合わせられる。

比較的近年であれば、80系や115系といった近郊型車両と並べて高崎・上越線時代を再現してもいいだろうし、485系と競演して末期の東北本線を再現してみるのもいい。485系はボンネット・貫通形・非貫通型のどれでもかまわない。ただし、ヘッドマークはイラストが入っていない文字だけのものを使いたい。

急行列車を用意するなら上越線は165系、東北本線は455系などがおすすめだ。

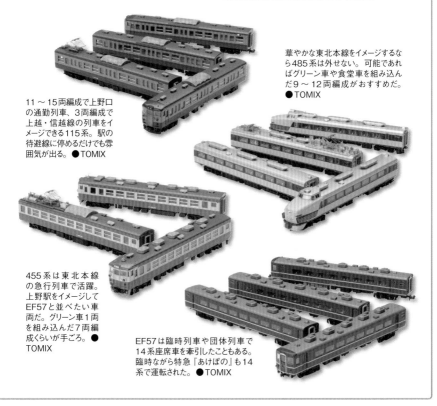

11〜15両編成で上野口の通勤列車、3両編成で上越・信越線の列車をイメージできる115系。駅の待避線に停めるだけでも雰囲気が出る。●TOMIX

華やかな東北本線をイメージするなら485系は外せない。可能であればグリーン車や食堂車を組み込んだ9〜12両編成がおすすめだ。●TOMIX

455系は東北本線の急行列車で活躍。上野駅をイメージしてEF57と並べたい車両だ。グリーン車1両を組み込んだ7両編成くらいが手ごろ。●TOMIX

EF57は臨時列車や団体列車で14系座席車を牽引したこともある。臨時ながら特急『あけぼの』も14系で運転された。●TOMIX

EF58

流麗なフォルムと華麗な牽引歴で、根強い人気を誇るEF58。
幅広い地域に配属され、長期間に渡って活躍したため、さまざまな形態や塗色がある。
EF58の経緯と変遷を整理して、その魅力を再認識してみよう。

EF58

急速に進展した国産技術

初期の電気機関車は輸入に頼っていたが、
1931年登場のED16以降は国産技術が軌道に乗り、多くの名車が登場した。
しかし太平洋戦争で日本全体が大きな被害を受け、技術の蓄積も崩壊。
焼け跡の中でEF58は設計された。

戦争で中断した機関車の進化

　日本の電気機関車はD級機から徐々に開発が進められ、アメリカから輸入されたEF51をベースにEF52が1928年に登場。国産初のF級本線用電気機関車となった。

　1932年にデビューしたEF53では性能も安定し、信頼性も高かったため、『燕』『富士』などの特急を東京〜沼津間で牽引したほか、16・18号機がお召機に指定された。1936年には、EF53をベースに当時の流線型ブームを反映したEF55が製造された。

　続くEF56（1937年）では、重油焚きの暖房用蒸気発生装置（SG）を搭載し、量産機ではじめて溶接車体も採用。さらに1939年にはEF56の主電動機出力を強化したEF57が登場し、戦前の電機の決定版となった。

　順調に進展しそうに見えた直流電化だが、太平洋戦争の勃発で延伸は頓挫。1945年8月に終戦を迎え、復興の流れの中でようやく電化工事も再開された。

終戦後1年で誕生

　1946年10月、戦後初の旅客用電機としてEF58が誕生。終戦直後の1945年秋から設計が開始され、わずか1年での落成となった。車体の前後に大きなデッキを持つ旧型電機らしい形態で、おもに東海道本線で

貨物用旧型電機の決定版、EF15

　旅客用EF58の貨物版がEF15だ。EF58と台車や電気機器などの主要部品を共通化。貨物用なのでギア比を大きくし、高速走行をしないため先輪を1軸として全長を短くした。

旧型電機最多の202両が製造され、主要幹線から地方路線まで幅広く活躍。製造年次による側窓数やパンタグラフの違いも魅力だ。手前からEF15標準形、最終形●ともにKATO

MODEL COLLECTION 1

旧車体のEF58は活躍期間が短く模型化に恵まれなかったが、旧型電機に力を入れているマイクロエースが最初にリリース。新車体のEF13やEF18と比較してみてもおもしろい。

EF58-24 旧型●マイクロエース

活躍した。

しかし庶民の生活物資でさえ不足する時代だったため、貨物機EF15と部品の共用、パンタグラフは電車用のPS13、高速度遮断機の省略など、戦前製のEF57よりも後退した内容で故障も多かった。

特にEF56から機関車に搭載されたSGは、燃料となる重油が入手困難なため省略。冬期は従来通りに、機関車の次位に石炭を燃料とする暖房車を連結して運転された。

その後、戦後復興が進展し、高速度遮断機の装備など内部機器を整備（第1次装備改造工事）して信頼性を向上。パンタグラフも次第にPS14に換装された。

凸型だったEF13は、EF58の旧車体を譲渡されて普通の旧型電機になった。中央本線や首都圏を中心に、1979年まで活躍した。EF13 新車体●マイクロエース

EF58の旧車体を譲り受けたEF13

1940年から製造されたEF13は、鋼材を節約するため凸型ボディで登場。部品類にも省略や代用が多く、コンクリートブロックの死重を搭載して軽すぎる車重を補った。

EF58を更新する際に、偶然にもEF13の31両と一致したため、EF13の車体がEF58の旧車体に載せ替えられた。

EF58になれなかったEF18

GHQの支配下にあった戦後の日本では、車両の製造に許可が必要で、EF58の製造もドッジライン経済政策により、31号機以降が製造できなかった。

しかし、32〜35号機が完成して納入待ち、36号機が製造途中という状況だったため、歯車比を変更して貨物用として認可が下りた。

そこで、EF58に戻す考慮から

形式名はEF18とし、番号も32〜34号を継承。EF58もその番号を欠番にした。貨物用新造機では唯一の2軸の先輪が特徴だ。

EF18は、EF58の量産再開後もグループに戻されず、静岡地区で地味な一生を過ごした。旧車体時代のEF58の特徴を色濃く残す。EF18●マイクロエース

MODEL COLLECTION 2

旧車体の改造で誕生した7枚窓の35号機。茶は1952年の落成後に高崎第2機関区に配属され、同年の冬にツララ切りが装備された頃のスタイルを再現。大窓・SG装備・握り棒なしの初期のディテールが見どころだ。

EF58-35・茶・寒冷地改造●マイクロエース

MODEL COLLECTION 3

旧車体から更新されたグループで、1・8・9・15・23号機のナンバープレートが付属する。前面窓は小窓でHゴムなし、水切り付き。先台車の前端にスノープラウ取付座がなく、エンドビーム側面に誘導員ステップが設置された姿が再現されている。

EF58 初期形 小窓 茶●KATO

改造工事で名機に大変貌

故障が多く、乗務員からも嫌がられたEF58だったが、
第1次装備改造工事を受けて本来の性能を発揮。
1952年からは再び増備が決まり、大型SGを搭載して内外ともにまったくの別物となった。

必然から生まれた半流線型車体

高崎線電化が1952年と決定し、47年に全線電化された上越線と合わせ、上野～長岡間の電機による直通運転が検討された。また、戦前は沼津までだった東海道本線の電化も徐々に広がりはじめていた。

そこで、不足する旅客機を補うため、増備を中断していたEF58を本格的な旅客機にする更新改造が計画された。

冬期だけとはいえ、暖房車の連結は余分な重量物であり、機まわしでも不便なので機関車本体へのSG搭載は必須だった。しかし旧車体の機器室にSG用ボイラーを搭載する余裕はない。

蒸気暖房と電気暖房

蒸気機関車の頃、客車の暖房にはボイラーで発生した熱を供給する蒸気暖房（SG）を採用していた。しかし電気機関車にはボイラーがないため、ボイラーを搭載した暖房車を連結して補った。その後EF56が暖房用蒸気発生装置を搭載し、暖房車が不要になった。

1959年から東北・上信越・北陸方面の客車は電気暖房（EG）化改造がおこなわれ、機関車に電源供給装置が搭載された。

EF58では、東海道・山陽本線で生涯を終えたものはSGのままだが、晩年を東北・上越方面で過ごした車両はEG化改造されたものが多い。

そこで、運転室部分にSG1蒸気発生装置を搭載。EF57に搭載したものより重油積載量で約2倍、水槽容量で約1.3倍と東海道本線のロングランも可能な巨大なものとした。そのため、運転室がデッキ部分に移設され、デッキは省略する大胆な計画となった。

さらに主電動機をMT41（275kW）からMT42（325kW）に強化。高出力の旅客用電気機関車として一新された。

こうして、東芝で完成していたものの納入できずにいた旧車体の35・36号機を、新車体につくり直して1952年に落成。台車が隠れる長さまで伸ばされた車体は、曲線区間での車両限界の関係から先頭部がすぼめられ、前面は1951年に登場した80系電車（2次車）のような2枚窓を採用。半流線型のスマートな機関車となった。

更新とともに進行した増備

1952年から57年にかけて、1～31号機

電気暖房発生装置を搭載したEF58には、助士席側後方に電気暖房（EG）表示灯が設置され、通電状態で消灯される。

MODEL COLLECTION 4

大窓の前面に水切りが付く前の姿で、ぶどう色時代の『つばめ』セットに合わせたリリース。名古屋電化で増備された48・50・56・62・67号機のナンバープレートが付属。

EF58 初期形大窓 茶●KATO

お召指定機、60・61号機

　お召列車の牽引機は、担当する機関区で性能がもっとも安定しているものを選定していたが、牽引機会の多い東京機関区では、EF53 16・18号機のように、使用実績に基づいて特定の機関車が指定されていた。

　しかし新車体で増備されたEF58は性能・内容ともに安定しているため、専用機の新造が計画され、60号機を東芝、61号機が日立製作所で製造。60号機は浜松機関区、61号機が東京機関区に新製配備された。

　両機には国旗掲揚装置、運転席側窓下の列車停止位置基準板、供奉車との連絡電話、前後運転室間の送話管、自動連結器の上錠揚止装置、応急処置用の予備品箱と工具箱、運転士の名前票差しなど、お召運用に必要となる装備が新製時から装着された。

60号機は前面窓やルーバーが改造された晩年の姿が再現されている。どちらも付属の日章旗を取り付けて、お召列車を牽引する姿にできる。右から61号機、60号機●ともにKATO

お召列車を牽引する際は、装飾的効果と傷を発見しやすくするため各部を磨き出す。模型は銀色成型で連結器、握り棒、ステップなどの装飾を表現。

区名札差しのの隣には、運転士の名前票差しが付く。裾部の溝は列車停止位置基準板。

車体を一周するステンレス帯は、60・61号機のみの装飾だ。

の第2次装備改造工事を実施。流線型の新造車体に載せ替えられ、SGを搭載。旧車体はEF13に転用された。一方で35号機以降の新造も進められ、改造前の初期車と新造車がしばらく混在した。

　登場当初の新車体は、前面窓まわりは水切りや手スリもなくワイパーのみ、側面のハシゴも外付け、先端の握り棒すら付いていないシンプルな形状で、ぶどう色単色のツルンとした顔立ちだった。

　落成したEF58は高崎第2機関区（35〜41号機）と長岡第2機関区（42〜47号機）に配備され、高崎線や上越線との直通列車に充当された。

　1953年7月には東海道本線が名古屋まで電化され、48〜68号機（お召指定機となる60・61号機を含む）が東京・沼津・浜松に新製配備された。これらの本格的な投入を前に、旧車体のEF58が試験的にEF57に混ざって特急運用に充当され、ヘッドマークを掲げて運転された。

MODEL COLLECTION 5

ため色の車体色や手スリ類への銀メッキなど、お召機の美しい姿を再現。ナンバープレートは車体にモールド。着色の難しいステップやカプラーはシルバーの成型色を使う。

MODEL COLLECTION 6

もうひとつのお召機、60号機。プロトタイプは、1979年の愛知植樹祭での予備機で、前面窓は小窓・Hゴム支持化され、側面のルーバーがヨロイ戸式に改造された後の姿が再現されている。

EF58 61 お召機●KATO

EF58 60 お召予備機●KATO

バラエティ豊かな色と形

EF58を特別な存在にするもののひとつに、客車に合わせた専用塗色がある。
「青大将」色と「ブルートレイン」色は、今までにないカラーリングだった。
さらに地域ごとの形態が人気を盛り上げた。

世間を驚かせた青大将塗装

東海道本線が全線電化され、看板特急の『つばめ』『はと』も全区間で電気機関車による通し運転となった。

1956年11月19日、東京駅と大阪駅に入線した『つばめ』1番列車は、何と黄緑色（淡緑5号）に塗られていた。当時の列車は、蒸気機関車の煤煙による汚れを目立たなくするためぶどう色や黒色に塗られていたが、電化完成後はその必要もなくなったのだ。

電化による時間短縮は著しく、東京〜大阪間8時間の壁を打ち破り、7時間30分で結んだ。編成の最後尾には展望車が連結され、終点到着後は固定編成のままデルタ線で方向転換がおこなわれた。

しかし、1958年11月1日に151系が特急『こだま』で誕生し、東京〜大阪間を6時間50分にまで短縮。『つばめ』『はと』も1960年6月1日から151系に置き換えられ、青大将時代はわずか3年半で終焉を迎えた。

ブルートレイン専用色も登場

青大将のライバルとなった151系と同じ1958年10月改正で、20系ブルートレイン『あさかぜ』がデビューした。夜間に快適に移動できると好評を博し、20系の使用列車も増加。1960年7月に投入された『はやぶさ』では、架線集電が可能なカニ22が登場した。

そこで、カニ22に搭載された2基のパンタグラフを機関車側から遠隔操作できる制御装置を一部のEF58に搭載。塗色も20系客車に合わせた青15号にクリーム1号の裾帯のブルトレ色となり、EF58の新たな看板列車となった。

電源車のパンタグラフ上下、電動発電機始動・停止、一般負荷と冷房負荷の切り換え、給電接触器の投入などの操作が可能なブルトレ仕様への改造は、20系使用列車の増発に合わせて20両に施された。

1963年の降番後も、そのままの塗色で東

上越国境のパートナー、EF16

上越線の水上〜石打間には20‰の連続勾配があり、旅客・貨物列車が上越国境を越える際は、EF15を改造したEF16が前補機に連結されていた。

登場時から上野〜長岡間の直通運転を前提としていたEF58では、兄弟機との共演がここでは日夜見られた。

晩年はブルーのEF58が牽引する寝台特急『北陸』や急行『天の川』『鳥海』などと、ぶどう色のEF16の重連シーンが有名だった。EF16＋EF58＋急行『能登』●すべてKATO

北本線の20系ブルートレイン『はくつる』の牽引にあたった。

各地で見せた力強い牽引シーン

高崎と長岡に配備されたEF58は、トンネルの出入り口に下がるツララで前面窓が割れるのを防ぐ大きなツララ切りが備わり「ヒサシ付き」と呼ばれて親しまれた。新製直後の1952年冬には装着がはじまり、その姿で電化したての東海道に転属した車両もある。

上越国境では、兄弟機EF15を改造したEF16を前補機に連結して峠を越え、東海道地区とは違う魅力を見せた。また、宇都宮機関区配備車は、東北本線の寝台特急や急行などの優等列車から、普通列車、荷物列車まで幅広く活躍した。

1960年にEF60が登場し、花形運用の東海道・山陽ブルトレには1963年からEF60 500番台に置き換えられた。旅客列車の電車化と寝台特急の新性能電機化は、EF58の世代交代を印象づけた。

急行や荷物列車が運用の中心となったEF58だが、1972年、EF65PF型の不足により山陽本線のブルートレイン牽引機に抜擢。20系を牽引できるように、元空気ダメ引通管が設置され、さらに14系や24系25形の先頭にも立った。

MODEL COLLECTION 7

『つばめ』『はと』の牽引で活躍した青大将塗色で、1957年頃がプロトタイプ。パンタグラフの前には、当時試用されていた列車無線アンテナが再現されている。パンタグラフ台座、屋根上機器は淡緑色で成型されている。

EF58 初期形大窓 青大将●KATO

MODEL COLLECTION 9

20系客車をラインナップするKATOでは、特急色も製品化している。プロトタイプは1960年頃の登場時で、下まわりはグレーで成型され、パンタグラフはPS15を搭載。

EF58 初期形小窓 特急色●KATO

MODEL COLLECTION 8

青大将の中でも、ツララ切りを装備して上越線で活躍していた高崎・長岡からの転属車のグループ。先台車の前端梁は35〜39号機に見られた幅の狭い形態が再現されている。

EF58 初期形大窓ヒサシ付 青大将●KATO

MODEL COLLECTION 10

下り1番車を牽引した57号機と客車のセット。EF58は台車まで濃緑に塗装された初期の塗色を再現する。セットの客車は展望車にマイテ58、食堂車にオシ17が連結されている。

EF58・44系「つばめ」青大将セット●マイクロエース

国鉄とともに終えた現役時代

新性能電機と同様の塗色で活躍を続けたEF58。
後年は機関区ごとにさまざまな形態も登場した。1970年代後半から廃車がはじまり、
新性能電機も多く整理される中、JRに5両が継承された。

機関区ごとに見られた形態差

活躍範囲の広いEF58には、機関区ごとにさまざまな改造が加えられた。東京機関区では関ヶ原付近の積雪対策でスノープラウを装備、米原機関区ではヨロイ戸型エアフィルターに変更された。さらに宮原機関区の白Hゴム支持、竜華機関区のシールドビーム2灯化改造、広島機関区のPS22パンタグラフ化など、特徴的なものもあった。

東北・上越方面では、ツララ切り、電気暖房化（EG）、可動式スノープラウ装備など。さらに、1970年前後には、全両数の約70%の前面窓がHゴム支持化改造された。

さよなら、永遠のヒーロー

1980年代に入ると、82年11月改正での急行削減、86年11月の荷物列車廃止などで大量のEF58が現役を退き、1987年4月の国鉄分割民営化時に現役だったものは、田端の61号機と89号機、そして静岡の122号機のわずか3両に加え、新会社の目玉としてJR西日本が復活させた150号機の4両となった。

1988年にはJR東海でも157号機を復活させ、都合5両のEF58がイベント列車を中心に活躍した。しかし1999年に89号機が引退。2009年には122号機が解体され、2011年の150号機の車籍抹消を持って、本線上のEF58はすべて引退した。

現在は61号機、89号機が鉄道博物館、157号機がリニア・鉄道館、150号機が京都博物館に収蔵されている。また、172号機が碓氷峠鉄道文化むらで保存されている。

MODEL COLLECTION 12

上越線で使われたEF58は、正面窓上のツララ切りやホイッスルカバー、前面窓のデフロスター、スノープロウなどの耐寒耐雪装備が特徴。模型はEGに換装後の姿で、側面に電暖表示灯を成型。パンタグラフはPS15、屋上の塗り分けや黒Hゴムなど晩年の姿だ。

EF58 上越形 ブルー●KATO

MODEL COLLECTION 11

原形大窓のまま青15号とクリーム1号に塗色変更された姿。急行や荷物列車の先頭に立ち、原形の美しさから人気を博した形態だ。

EF58 後期形 大窓 ブルー●KATO

MODEL COLLECTION 13

7枚窓の35号機は長岡に所属した後年の姿。前面窓の小窓・Hゴム支持化、EG搭載による電暖表示灯装備、握り棒の追加など、初期との違いを明確につくり分けている。

EF58-35・青・寒冷地改造
●マイクロエース

EF64

勾配線の旅客列車から貨物列車まで、
牽引する対象を選ばない国鉄型の万能電気機関車。
新型電気機関車が台頭する中、派手さはないが存在感は今も大きい。

EF64

勾配線用の万能機

昭和30年代、ぶどう色ではない新型電機が続々登場する。
その中で勾配線での運用を想定された機関車がEF64だ。

山岳線の頼れる機関車

1960年にEF60電気機関車が登場したのを皮切りに、茶色い旧型電気機関車に代わるべく、新型電気機関車が続々企画された。

平坦線用にはEF61、碓氷峠用にEF62・EF63がつくられた。そして、奥羽本線や中央本線のような「極端な勾配はないが、平坦線用の機関車では牽引力が足りない」路線向けに登場したのがEF64だ。

基本構造はEF62にならいつつも、急勾配を走るわけではないので全体的に控えめな勾配対応となっている。性能は急勾配対応のEF62と平坦線用のEF65の中間的なもの。

特にEF64とEF65はモーターばかりでなくギア比も同じ3.83で、性能表だけ見ると何が違うのかわからない。

しかしEF64は勾配対応ということで強力な発電ブレーキと冷却用のブロアーを装備している。重連対応で正面に貫通扉をつけているのも、重量貨物を勾配線で牽引するための装備といっていいだろう。

バランスよい速度と牽引力

EF64から勾配対応設備をなくしたものがEF65なので、その装備の違いは外見にも現れている。たとえばEF64の側面ルーバーの

用途が違っても馬力は同じ?

急勾配用のEF62、勾配用のEF64、平坦用のEF65。目的は異なれど全て出力は同じ2,550kw。ただ、EF64はギア比を加速寄りにしたり、下り坂対策のために発電ブレーキを装備したりしている。その結果、最高速度や引張力に違いが生じている。

形式	出力	ギア比	発電ブレーキ	定格速度	引張力
EF62	2,550kw	4.44	○	39km/h	23,400kg
EF64	2,550kw	3.83	○	45km/h	20,350kg
EF65	2,550kw	3.83	×	45km/h	20,350kg

※定格速度は60分全界磁での数字

勾配用の象徴

勾配用の機関車は熱を持つ抵抗器を速やかに冷却することが重要となる。そこで冷却用の巨大な扇風機であるブロアーを装備し、側面には通風をよくするために大きなルーバーが付く。姿が見えなくともブロアーの音を聞けばEF64とEF65の違いははっきりとわかる。

発電ブレーキを使うEF64のブロアーは巨大だ。これだけ大きいと車体強度にも影響するので補強が入っている。

サイズはEF65より大きいが、これは発電ブレーキによる抵抗器の加熱を冷却するためで、まさに『山男』の表情なのだ。

EF64はEF62のように平坦線の高速性能に難があるわけでもなく、また、牽引力もEF65並みにあるので、旅客列車も貨物列車も牽引できる。

直流区間ならほぼ万能に使える機関車としてJRに転換後も長く使われ1000番台を中心に活躍していたが、徐々にEH200による運用に置き換えが進んでいる。

COLUMN

EF64の弱点？

EF64はSG非装備なので、冬季の客車列車では暖房車の連結が必要だった。牽引定数にシビアな勾配線での重たい暖房車連結は輸送力の低下を意味し、EF64の弱点ともなった。もっとも暖房車を連結したのは約1年で、以後は本来の輸送力を存分に発揮している。

暖房車マヌ37。小さいボディだが「マ」級の重さなので、暖房車を連結すると客車を1両減らす必要がある。●KATO

E4系は高回転型、EF64はトルク型で性格が異なる。モーター自体もEF64のほうが5倍ほど重い。EF64●TOMIX、E4系●KATO

電気機関車と同じパワーの電車？

EF64に使われるMT52モーターは425kWのパワーを持つ。これと同等の力を持つ電車用モーターにE4系新幹線のMT206モーター（420kW）がある。数字だけ見れば同じパワーに見えるが、特性はまったく異なっており、当然EF64が240km/hを出せるわけではない。

顔つきの違い

同じ貫通型の機関車でも、運転台窓がEF63は傾斜、EF64は垂直となっており大きく印象が違う。逆にEF65の1000番台やEF71はEF64とそっくりの顔つきになっている。

EF64はHゴム支持で切妻。窓の隅にRがついて柔和な表情（右）、正面窓に傾斜が付いていかつい表情のEF63（中央）、傾斜がないEF71はEF64に似ている（左）。●すべてKATO

旧型電機を置き換え活躍

EF64は性能のバランスもよく、勾配線の主力として量産され、
平坦線用のEF65とともに日本の物流を支える存在となった。

路線の近代化に貢献

EF64はまず、奥羽本線の板谷峠越えを担当していたEF16を置き換えるために12両が福島機関区に配属された。その後も中央本線や篠ノ井線といった山岳路線の旧型機を置き換え、各路線の近代化を果たした。

起動時に大電流をかけ、バーニア制御でノッチアップによるトルクの急変を抑えて的確に粘着するEF64は、扱いやすい機関車として現場にも受け入れられた。

中央本線では旅客列車や貨物列車の牽引に従事。先任のED61は少々癖のある機関車で扱いにくい面もあったが、EF64ではそれらの不満点も解消できるよう設計されているため、大きな問題は発生しなかった。

旅客サービス面での問題点としてはSGを搭載していない点があげられる。だが、将来的に蒸気暖房を必要とする客車の牽引機会は減ることがわかっており、あえてSGを搭載する理由はなかった。結果としてほんのわずかな期間、暖房車を連結することで対応した。

新旧電気機関車の端境期

EF64はこれといった欠点もなく、扱いやすい機関車として79両が製造された。EF65などとくらべると数こそ少ないが、直流電化の山岳線である中央本線・篠ノ井線での運用を満たす分がまかなえればよい。

平坦線はシンプルな装備のEF65が担当し、勾配線はEF64が担当するという棲み分けになったわけだ。

また、EF64の投入でこれまで中央本線で使われていたED61が阪和線や飯田線など

牽引範囲の広さ

EF64は直流電化区間ならほぼどこでも、旅客列車も貨物列車も牽引できる万能機。模型でもいろいろな編成を組める、遊びがいのある機関車だ。

客車

中央本線では35系や43系を牽引。12系や14系を牽かせるのもいいだろう。

貨物

重連でコンテナやタンク車の牽引もよく似合う。JR貨物カラーと国鉄カラーの重連も楽しい。

ブルートレイン

EF64は1000番台が晩年まで『北陸』などを、0番台も『あけぼの』を牽引した実績がある。

カシオペア

2016年に茶釜の37号機がなんと『カシオペア』用E26系を牽引。豪華寝台車との組み合わせもまた新鮮だ。

の旧型機の置き換えに使われ、国鉄型電気機関車全体の若返りにも貢献している。

EF64やEF65の量産がはじまった1960年代半ばは、これら直流新型電機と旧型電機が入り混じって活躍する、機関車ファンには実にたまらない時代だった。

カラーバリエーション

旅客会社に承継された車両では『ユーロライナー』塗装のほか、茶色に塗られた37・41・1001号機があり、37号機はE26系『カシオペア』の牽引などもこなしている。

JR貨物では更新の際に塗装の変更をおこなっている。0番台はEF65と同じようなスカイブルーと白のツートーンカラー、1000番台は大宮色・広島色・試験塗装など、両数の割にはバラエティに富んでいる。

EF64 1010JR貨物試験塗装
JRになってから登場した試験塗装のひとつ。JRの文字をアレンジした大胆なデザイン。●KATO

EF64-0（4次形）JNR仕様
基本となる国鉄色。青のボディに正面まわりをクリームに塗った、国鉄直流電気機関車の標準色だ。●TOMIX

EF64 0番台（37号機・茶色）
0番台では37号機と41号機がぶどう色に塗装された。イベント列車の牽引などに抜擢された。●TOMIX

EF64-0形電気機関車（66号機・ユーロライナー色）
ジョイフルトレインの『ユーロライナー』牽引用に35号機と66号機がこの塗装になった。●TOMIX

EF64 0番台JR貨物色（JR貨物更新車・広島工場色）
0番台のJR貨物色。EF65-1000番台と遠目から見るとよく似たカラーだ。●KATO

EF64 1000番台（JR貨物更新車・広島工場色）
前面下部が白く塗られ、側面に白帯の入った広島車両所での更新色。●TOMIX

EF64-1008・更新機
EF65-1000番台と区別するため、大宮車両所で塗装された更新車は0番代とは異なるカラーとなった。●マイクロエース

1000番台登場

中央本線・篠ノ井線に続き、勾配路線の上越線にも新型機関車が投入される。
形式こそEF64だが、その車両は見た目も設備もまったく別物となった。

別形式のような進化

中央本線・篠ノ井線の近代化を果たしたEF64だが、上越線にはまだEF15・EF16といった古い機関車がまだ残っていた。

中央本線同様の山岳路線である上越線には、発電ブレーキ装備のEF64のような機関車が最適なので、豪雪地帯を走るための耐寒・耐雪構造を装備した新型機を投入することとなった。

雪が機器に悪影響を及ぼさないよう空気の流れを制御する一方で、効率よく冷却するために機器配置を一から見直すなどした。そのため、側面ルーバーの形状は0番台とはがらりと雰囲気が変わったばかりでなく、全長も少し伸びた。

なお総出力は2550kw、ギア比も3.83で同じだが、モーターは若干設計が変更されている。

一見すると別形式といっても過言ではないくらいの変化を遂げたが、当時の国鉄の事情からEF64の系列に組み込まれ、1000番台を名乗ることとなった。

上越線でも万能機

EF64 1000番台は1980年から上越線に投入され、旧型電気機関車を順次置き換えていく。勾配路線にフィットした良好な粘着性能、安定した発電ブレーキなどは機関士からも好評を得た。

上越線では貨物列車はもちろんブルートレインの牽引も担当。『出羽』『北陸』などのヘッドマークを掲げて上越国境を走る姿を覚えている方も多いだろう。

1000番台は1982年までに53両を製造。以後国鉄ではEF67やED79といった改造による新形式は生まれているが、純粋に新造した電気機関車としてはEF64 1053号機が最後の機関車となった。

0番台と1000番台の違い

1000番台は耐寒・耐雪構造を強化し、機器を再構成することで熱源となる抵抗器などを1か所にまとめている。そのため外観は0番台と大きく変わった。

ナンバープレート

0番台のナンバープレートは切り文字（76～79号機を除く）、1000番台はプレート貼り付け。

パンタグラフ

0番台はPS17、1000番台は下枠交差型のPS22Bパンタグラフを採用。

ルーバー

ルーバーは0番台が側面の左右均等に設けられたが、1000番台は1エンド側にある。

国鉄民営化後の動向、
そして今

JR各社に継承

　1987年に国鉄がJRになると、製造から10年経っていない1000番台はJR貨物が大部分を承継し、ブルートレインを走らせていたJR東日本にも8両が承継された。

　0番台も車齢20年前後でまだまだ十分使え、性能面でも扱いやすいため、JR貨物のほか東日本・東海・西日本の各社に承継された。

　JR東日本のEF64は『北陸』『出羽』『あけぼの』『北陸』といったブルートレインの牽引を担当。連続勾配区間がある上越線ではEF81よりも好んで使用された。

　JR東海では定期運用こそないものの、ジョイフルトレイン『ユーロライナー』の牽引機に抜擢。特別塗装をまとったEF64はファンの人気を集めた。

　民営化後もEF64は勾配線区の主力として申し分のない活躍を続けた。

1000番台からは1001・1052号機がぶどう色となった。1001号機は2017年に国鉄色に戻された。●KATO

懐かしくないリバイバルカラー

　EF64から直流電気機関車の色はぶどう色から青になったため、『茶色のEF64』というのは存在しなかったのだが、JRになってから4両が茶釜となった。いわゆる「懐かしくないリバイバル車」なのだが、客車を牽引すると思いのほか似合っているのもまた事実。

イメージが変わったEF64

　JR東日本に移籍したEF64は塗装が国鉄時代のままだが、運転台窓のHゴムがグレーから黒に変わったため印象が大きく違う。Nゲージにするとその太さは1mmも満たないのだが、正面から見るとその雰囲気はまったく異なる。

国鉄時代はHゴムがグレー（右）。JRになってからはHゴムが黒に変わっている（左）。●ともにKATO

電車牽引という仕事

　客車列車の運用が消滅したJR東日本では、EF64 1000番台に配給列車という新しい仕事が与えられた。新造車両や廃車を車両基地などに輸送するこの列車は、模型でも手軽に楽しめるのでおすすめだ。

機関車か電車のどちらかのカプラーを交換することでつなげられるようになる。

減り続ける運用

EF64は国鉄型電気機関車の中では「比較的」新しい機関車ではある。とはいえ、0番台はすべて廃車されており、1000番台にも廃車が増えはじめている。

JR東日本のEF64はブルートレインの運用を失い、現在は臨時列車やジョイフルトレインの牽引、旅客列車の配給が主な仕事だ。しかし、E493系の量産車が2023年に投入されたため、配給列車牽引の運用は見られなくなるだろう。

JR貨物所属車は愛知機関区に集結し、中央本線などで貨物列車の牽引をおこなっている。東京や千葉へもやってくることがあったが、2021年3月のダイヤ改正で首都圏での運用はなくなった。

中央東線や上越線には後継のEH200が配置され、中央西線でもEH200やEF510が

EF64の運用を置き換えており、活躍の場は減っている。

最後の国鉄型?

JR貨物では、EF81やEF65、EF66（0番台は全機引退）など、国鉄型電気機関車の淘汰を進めている。直流区間では平坦線用のEF210を続々と投入しEF65やEF66を置き換え、勾配線用のEH200は25両で製造が止まっているが運用範囲は拡大している。

EF64は国鉄型の中では一番新しい直流電気機関車で、EF65と同等性能でマルチに使えるので置き換えは後まわしになってきた感がある。しかし、2023年2月に3機が解体されるなど、少しずつその数を減らしている。

EF64がJR線から姿を消す日が、動態保存目的の車両をのぞいた国鉄型電気機関車最後の日、ということになるのかもしれない。

新世代の標準機

EF64の置き換えには2車体連結のEH200が製造された。引張力は27,735kgとEF64の1.4倍弱だが、力の必要な加速時などに、より大きな電流を流してパワーを確保すること

で、1両でEF64の重連と同等の牽引力を発揮する。また平坦な線区ではEF210が使われている。直流電気機関車はこの2機種で置き換えられていくだろう。

ハイテクを駆使してEF64重連と同じ働きをするEH200（左）と適度な出力を持ち幅広く運用されているEF210（右）。●ともにKATO

峠を越える機関車たち

山岳地帯が多い日本において、勾配の克服は路線網の拡大に重要な意味を持った。
奥羽本線板谷峠と信越本線碓氷峠で活躍した峠越え機関車をみてみよう。

EF71 + ED78

板谷峠を越えた交流電機

奥羽本線の板谷峠は約22kmにわたって33〜38‰の勾配が連続する。長らく蒸気機関車の補機を使用していたが、線路設備や勾配の問題から牽引定数は300tに抑えられていた。勾配線といえど平坦線での3分の1〜4分の1という輸送力は、首都圏と羽越地区を結ぶ大幹線としてあまりにも貧弱だった。

そこで抜本的な改革として板谷峠は電化と一部複線化がなされることになった。

1949年には直流での電化が完成。EF15や回生ブレーキを装備するEF16といった大トルク貨物用の機関車を投入。1964年からはEF64を投入し、輸送力の大幅アップを図った。

さらに1968年には電化方式を交流20000Vに変更し、ED78・EF71が投入される。交流機はモーターを並列接続してトルクの変動を緩やかにできる利点があり、さらに回生ブレーキを装備して下り勾配に対応。

ED78とEF71の重連運用で峠越えにあたったが、ED78が仙山線に移って以降はEF71が板谷峠の主力として活躍した。

最大38‰の勾配が22km続く板谷峠を重連で越えた。
EF71 ●KATO、ED78 ●マイクロエース

キハ80系、キハ181系『つばさ』の補機として力を発揮した。EF71、キハ181 ●ともにKATO

EF63

古くからの峠越え

碓氷峠はアプト式機関車からED42に置き換えられたものの、4両のED42をつないでも牽引定数360t、最高速度は18km/hと、輸送力の貧弱さは目を覆うばかりであった。

信越本線は首都圏と長野・新潟・金沢を結ぶ重要幹線だが、碓氷峠がボトルネックになってその能力を十分に発揮できていなかった。

そこで碓氷峠では、粘着式運転によるスピードアップと輸送力増強を目指すこととなり、EF62・EF63の機関車が製造された。

両機関車とも出力は2550kWで他の直流機関車と変わらないが、EF63はその出力を登坂性能に全振りし、ギア比4.44、定格速度39km/hと勾配運転に特化。その代わり引張力は2万3400kg。軸重は18tと国鉄電機では比類なきものになった。

とはいえここまでやっても最高速度は35km/h（貨物は22km/h）、牽引定数は360t。それだけ碓氷峠は過酷な勾配だったのだ。

EF63の特殊装備

碓氷峠で補機をつとめたEF63には、山越えならではの特殊装備が外観からもわかる。また、機器冷却のための大きなブロア音なども峠越え機関車の風物詩だった。

C'アンテナ
山頂側につながるEF62との協調運転をおこなう際に、無線連絡を明瞭にするためにつけられた。

ジャンパ
碓氷峠を通過する列車すべてと連結するEF63は、各車両に対応できるジャンパ連結器を装備。

連結器
客車だけでなく電車とも連結するため、双頭型の連結器を装備している。

台車
台車には非常時に確実に止まれるよう電磁吸着ブレーキを装備。強力な磁石でレールに吸い付く。

EF65

国鉄機関車最多両数の303両が製造され、
貨物列車からブルートレインまで八面六臂の活躍をしたEF65。
この機関車が直流機の決定版たりえた理由を見ていこう。

EF65 503

EF65

万能スタンダード電機の誕生

EF65は出力こそEF60と同じだが、長距離を高速運転できるように設計された。
どのような改良が施されたのだろうか。

EF65登場前夜

電気機関車は、貨物用と旅客用では求められる性能が異なる。旅客列車は500t程度の編成重量で、モーターを高回転で回して90〜100km/hで連続走行をこなせる能力が求められる。対して貨物列車は1000〜1200t近い編成重量で、起動時にスリップすることなく引き出さなくてはならないために太い低速トルク、すなわち低回転での力が重視される。

旧型電機はこの相反する性能をひとまとめにするのはあきらめ、旅客用と貨物用で機関車をつくり分けていた。しかし、コストのことなどを考えると車種は可能な限り統一するのが望ましい。

そこで、客貨両用の電機機関車としてEF60形が登場したものの、重量貨物列車の引き出しを考えるとギア比を低速側に振らざるを得ず、結果として高速側の力が不足してしまった。出力2550kWは申し分ないパワーだが、特急列車牽引用の500番台で定格速度(モーター最高出力での運転速度)が39km/hでは高速域での牽引力不足はいかんともしがたかった。

パワー不足は重連で対応

EF65の性能は、1000tくらいの貨物列車を85km/hくらいで牽引するのに適している。当時は一段リンク貨車の最高速度が65km/h、急行貨物列車でも85km/hだったので充分な性能といえた。

しかし、トラック輸送に対抗するため100km/hで走行する高速貨物列車が設定された。さすがに100km/hで1000t牽引はEF65でも荷が重いために重連運転で対応したが、不経済なため大馬力機関車EF66が開発されると、1000t高速貨物の運用からは撤退した。

ただしEF66は製造費が高いことと、600t程度であればEF65でも高速貨物の運用につけるため、東海道本線の貨物列車はEF66とEF65のハイ・ローミックス体制で運用された。

COLUMN

EF60形も特急色に塗られブルートレイン牽引機として活躍したが、
貨物列車との性能の両立はうまく行かなかった。EF60●KATO

客貨両用の元祖、EF60形

EF60形はEF65形の登場前、ブルートレインや高速貨物列車を牽引していた。特急色に塗られた500番台はEF65P形と印象が似通っている。また、初期型は駆動装置にクイル駆動(モーターを台車枠に取り付ける方式)を採用するなど意欲的な機関車であった。

運転しやすい機関車

長距離運用となる貨物列車の場合、乗務員も2時間近い行路が組まれることがある。それゆえにストレスのない職場環境づくりは重要。EF65は自動加速制御を組み込み運転のストレスを軽減した結果、乗務員には好評を得た。

長時間の行路になるとノッチさばきでも疲労に差が出る。EF65はEH10などとくらべると運転がしやすかった。EH10、EF65 ●ともにKATO

高速化が要求された理由

65〜85km/h運行が主流だった貨物列車が高速化された理由は、ドアtoドアのトラック輸送が台頭してきたため。到達時間での優位性を維持し、過密化したダイヤで旅客列車の邪魔をしない速度で走ることが求められた。

トラックにくらべ荷役の時間でハンデを背負う鉄道貨物が生き残るには高速化が必須だった。コキ5000 ●KATO

勾配用の象徴

機関車に限らず鉄道車両のパワーは、数字だけを見ていてはその本質はわからない。下に挙げた5種類の機関車はいずれも出力2550kW。しかし機関車の用途やデザインはすべて異なっている。

ギア比は大きくすれば低速でのトルクが増し、高速でのトルクが下がる。また、モーターの回転数上限が決まっているので最高速度も下がってしまう。ギア比を小さくすれば最高速度は高くなるが、その分低速でのトルクが不足し、重量貨物の引き出しが困難になる。これをどうバランスさせるかがセッティングの見せ所だ。

形式	ギア比	トルク	定格速度	抑速制動
EF60-500	4.44	23,400kg	39km/h	×
EF62	4.44	23,400kg	39km/h	○
EF63	4.44	23,400kg	39km/h	○
EF64	3.83	20,350kg	45km/h	○
EF65	3.83	20,350kg	45km/h	×

※出力はいずれも2,550kW
※定格速度はこの速度で機関車最大のトルクを出せる速度

出力は同等でもギア比とブレーキシステムの有無で用途を分けたのが国鉄流。
EF60、EF62、EF63、EF65 ●KATO、EF64 ●TOMIX

電気機関車最多両数へ

新機軸導入ゆえの初期故障に悩まされたものの、
トラブルが収まったのちは扱いやすい機関車として大量生産がはじまった。

平坦線の標準機へ

　EF65は当初、低速側のバーニアノッチに起因するトラブルに悩まされたものの、問題が解決すればたいへん扱いやすい機関車として現場に重宝された。基本的にギア比を下げてモーターをいたわった状態で高速走行が可能で、下り勾配による電気ブレーキの負荷とも無縁なので故障も必然的に少なくなる。

　シンプルな設計ゆえに低価格で生産できるという経済性の高さも受け入れられ、EF66が高速貨物列車用に56両が製造されただけなのに対し、EF65は基本番台、500番台、1000番台あわせて308両が製造された。基本番台、500番台（P型とF型）、1000番台（PF型）とも、定格出力、ギア比、重量など基本性能に大きな違いはない。

全盛時代への布石

　1969年に登場したのが客貨両用の1000番台。寒冷地向けに降雪対策としてスノープロウの装備や窓上のつらら切り設置、見えないところではモーターに雪が入らないようになっている。また、重連運転に即した貫通扉を取り付けるなど外観は大きく変わった。

　1000番台は途中幾度かの中断があったものの1978年まで製造が続いた。

　EF65形はSGを搭載していないため、冬場の旧型客車の牽引は厳しい（イベント列車などで旧型客車牽引の実績はあるので、牽引できないわけではない）が、自前で暖房設備を持った客車．は問題なく牽引できるほか、

500番台P形・F形

　500番台には高速旅客列車用のP形と貨物用のF形がある。外見上の違いはスカート部分で、P形は20系客車のブレーキや電源を制御するジャンパを備える。F形は重連総括制御対応、密着自動連結器などが装備された。このほか0番台からP形に改造された車両もある。

　なお、500番台のP形・F形・0番台からの編入車は501〜542まで通し番号が振られており、535〜542が0番台からの編入車であるほかはP形・F形の番号区分はおこなわれていない。

編入車
一般型のEF65からP形に改造されたグループで、535〜542号機がそれにあたる。外見上は他のP型と大きく変わるところはない。
●TOMIX

P形
カニ22形のパンタグラフを機関車から操作する通称「カニパンスイッチ」など、20系との連結に対応した装備を持つ。●TOMIX

F形
重連対応およびジャンパを両栓対応としており、機関車の向きが変わっても重連に支障がないようになっている。●KATO

貨物列車なら二軸貨車からフレートライナーまで牽引車両を選ばない。

このようにEF65は旅客貨物問わず直流平坦線の標準機として期待通りの活躍をこなしていき、ブルートレイン牽引機として全盛時代を迎えることになる。

500番台に耐寒耐雪構造を施したのが1000番台。長期にわたってつくられたので形状にも若干違いがある。前期形（手前）、後期形（奥）●ともにKATO

降雪地では線路脇を歩くのが困難なため、車内を移動できる仕組みが必要だった。

1000番台登場

もともとEF65は暖地の東海道・山陽本線用として登場したが、上越線などでも使用できるよう耐寒耐雪構造を付加したものが1000番台となる。外見上の変化では貫通扉と窓上のつらら切りが大きなポイント。500番台ではつらら切りがないため運転に難渋したという話もある。

貫通扉の理由

降雪地帯では線路の両側に雪の壁ができることがある。そのため重連でのエンド交換の際に乗務員が線路に降りず移動できるよう貫通扉を設置した。また扉は外側に出っ張っていて隙間風が入らないようになっている。

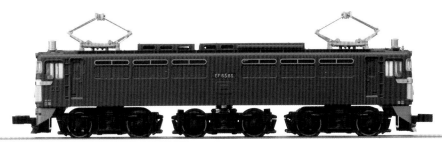

貨物列車牽引機として1965年に登場したのが0番台。非貫通の前面形状は後の500番台と同じで、青とクリームの国鉄直流電気機関車の標準塗装。●KATO

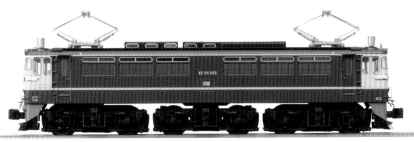

ブルートレインをはじめとした旅客列車を牽引するためのP型と呼ばれる500番台。クリーム色が側面までまわり込んだ特急色で塗られている。●KATO

ブルートレインで一世風靡

ブルートレイン＝EF65というイメージは、やはり東京口の花形列車を担当したことが大きい。
EF65にとっても最も華やかな活躍をした時代だろう。

本来の性能を発揮

　EF65は1000t程度の貨物列車を85km/hで安定して牽引することができる性能を持っている。それよりも軽い600tクラスであれば100km/hでの巡行も可能だ。

　ブルートレインで使用された20系客車は14両で大体500t程度。これならセノハチのような勾配区間を除けば100km/hで東京〜下関間のロングランが性能的には可能となる。

　そこで性能的に連続高速運転が厳しかったEF60に代わり、20系と連結が可能な装備

スノープロウがないため1118号機以前の1000番台とは雰囲気が異なる8次型。●KATO

暖地向け？ 1000番台

　もともとEF65の寒冷地向け仕様として製造された1000番台だが、1119号機以降は東海道・山陽本線向けとしてスノープロウや汽笛カバー、モーターの耐雪対策が省略された実質暖地向けの仕様で登場している。ただし一部車両はのちに耐雪構造を復活させた。

を搭載したP形が東海道ブルートレインの牽引機として君臨することとなった。

　先頭にヘッドマークを掲げ、16時ごろから15分ごとに次々と東京駅を発車するブルートレインは、子どもたちを中心に大ブームを巻き起こした。

1000番台は『あけぼの』から

　1978年からは東京口のブルートレイン牽引機は500番台から1000番台にスイッチする。これは連日1000km近い距離を高速運転で往復するため、車両の老朽化が進み台枠に亀裂が生じるなどしたことも理由だ。

　とはいえこの時点ではEF65の性能そのものに不足があるわけではないので同機種でのスイッチとなった。

　なお、1000番台のブルートレイン牽引デビューは東海道ではない。実は1972年から500番台P形に代わって『あけぼの』を上野〜黒磯間で牽引したのがはじまりだ。これは同年に『あけぼの』の受け持ちが東京機関区から宇都宮機関区に代わったためだ。

　こうしてブルートレイン牽引機としてEF65は70〜80年代の華やかな全盛時を迎えたのであった。

最高速度110km/h

　従来の客車列車のブレーキでは110km/hから600m以内で止まることができない。そこで20系には応答性に優れたAREBブレーキを装備し、EF65 P形はAREBを操作できるようになっている。

1968年からAREBブレーキ装備となった20系は対応機関車の牽引で110km/h運転が可能になった。EF65、20系●ともにKATO

1000番台にスイッチ

1978年のダイヤ改正で東京口のブルトレは500番台から1000番台にスイッチした。ほぼフルパワーを使い連日1000kmに迫る距離を100km/h以上で走行するのはさすがに過酷だった。

500t近い客車を高速で牽引するため台枠の疲労は想像を絶するものがあった。500番台●TOMIX、1000番台●KATO

旅客列車、貨物列車のどちらにも使用できるのが1000番台PF型。前面に貫通扉が設けられ、500番台とは印象が大きく変わった。●KATO

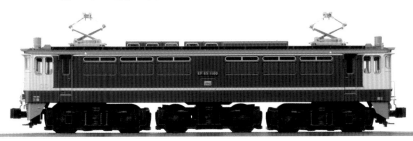

下枠交差形のPS22パンタグラフを装備したのが後期型で、1978年以降3次にわたって製造された。ブルートレインの牽引にも使用されている。●KATO

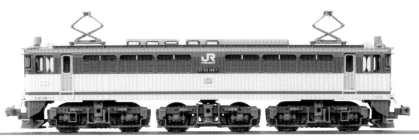

JR貨物の一次更新車は上部がブルーの濃淡のツートーンになっているのが特徴。●TOMIX

JR化後の活躍とこれから

分割・民営化によってEF65も旅客会社と貨物会社に分かれ、
汎用機関車も旅客・貨物専属になって活躍。そして後継機であるEF210の登場で…。

塗装変更でバリエーション増加

JR貨物へは199両のEF65が承継されたが、新系列機関車で置き換えるにはまだ時間がかかるということで一部の車両には延命工事が施された。

延命工事に合わせ車体のカラーも変わり、試験塗装も含め塗装パターンのバリエーションは多岐にわたってファンの目を楽しませたが、最終的にはライトパープルとディープブルーのボディにドアをからし色としたスタイルに落ち着いた。

一方、旅客会社のEF65はブルートレインのほかジョイフルトレインの牽引という役割を与えられた。

1998年に東京口で最後まで残ったブルートレイン『出雲』『瀬戸』が285系に置き換えとなり、2008年の『銀河』廃止をもってEF65の定期旅客列車運用は消滅した。

現役車両があるものの…

EF65の後継として1996年に決定版ともいえるEF210が登場。EF65だけでなくEF66にも換わる十分なスペックを持った車両として投入された。

2023年現在、EF210は146両が製造され、2020年以降は300番台の増備で一時足踏みしていたEF65の置き換えが進んでいる。

旅客会社が所有するEF65は工臨やイベント列車の牽引が主な仕事だ。

定期運用を持たないがゆえに走行距離も伸びず、JR貨物での酷使にくらべれば余裕はあるが、定期客車列車がなくなった現在、旅客会社が機関車を維持するメリットはない。

どちらにしてもEF65の雄姿が見られる時間は限られたものとなっている。

『レインボー』塗装の1019号機。真っ赤な車体と側面の「EF65」ロゴが印象的。●TOMIX

『ユーロライナー』色のEF65形。貨物列車用の基本番台から派手な転進となった。●TOMIX

TYPE6

EF66

貨物牽引を目的としながら、
従来にはない斬新なスタイルとともに登場したEF66は、
高速性と強力なパワーで、
鉄道貨物輸送のシェア拡大に大きく貢献した。
1985年からはブルートレインの牽引に大抜擢。
東海道・山陽本線という大幹線に君臨した
エースの足跡を追う。

EF 66 2

EF66

高速貨物列車を
単機でけん引可能

EF66の量産に先立ち、試作機EF90が登場。
その試験結果を反映した量産機が、1968年にデビューを飾った。
それまでのEF65 500番台F型重連の運用を単機でこなし、高速貨物の花形機となった。

名神・東名高速の
トラック輸送に対抗

　戦後の国鉄電気機関車は、デッキ付きの旧型から脱却し、新性能機へ移行した。なかでも幹線用の直流新性能機は、1965年に登場したEF65で完成の域に達した。

　一方、その頃日本のモータリゼーションが本格化し、高速道路網の整備も進んでいた。国鉄では、長距離貨物輸送に台頭しはじめたトラックに対抗すべく、東海道・山陽本線に重量1000トン級の高速貨物列車を導入した。

　この大量高速貨物輸送にあたり、牽引機にはパワーとスピードが求められた。当初はEF65 500番台F型を重連で使用したが、2両の機関車を使うのは不経済で、変電所容量の問題もあった。

　そこで、1両でEF65の1.5倍程度の出力を持つ新型機として試作されたのが、1966年登場のEF90だ。同時期に導入されたコキ10000、レサ10000など、10000系と呼ばれ

高速貨物の立役者

　高速道路でのトラック輸送に対抗するため、新たに開発された高速貨車が10000系と呼ばれるグループ。

　元空気溜引通、電磁ブレーキ、空気バネ台車などを備え、最高速度100km/hでの運転が可能。ただし、これらの機能を発揮させるには、対応した装備を持つ専用の機関車が必要

だった。

　コンテナ車コキ・コキフ10000、有蓋車ワキ10000、冷蔵車レサ・レムフ10000などの形式があった。

冷蔵車や有蓋車も用意されたのが、当時らしい。手前からレサ10000、ワキ10000
●ともにKATO、コキ10000●TOMIX

EF66 SERIES PROFILE 1

EF66の全長は18,200mmと、EF65より1,700mmも長い。側面は上部の明かり取り窓の部分が内側に傾斜し、それと前面窓を連続させたデザインが絶妙だ。0番台の塗装はEF60 500番台やEF65 500・1000番台の特急色に似ているが、前面のクリームが腰部のみで、側面のラインが1本である点が異なる。●KATO

EF66 0番台前期形
製造初年度：1968年　台車：DT133、DT134

る高速対応貨車の編成を牽引し、最高速度100km/hでの運転を目指した。

満を持して登場した量産機

EF90の試験結果を反映し、量産仕様としたのがEF66で、1968年に登場した。機能面では、電動発電機（MG）、主電動機送風機、空気圧縮機の仕様などが変更された。

しかし外観は、前面窓の桟の形状を改めた以外、量産化で大きな違いは見られない。

量産の第一陣は1969年にかけて1〜20の20両が製造され、全機が下関運転所に配置された。EF65 500番台F型の運用を引き継ぎ、東海道・山陽本線の高速貨物列車を担当。東は汐留まで乗り入れた。

また、ただ1両のEF90は機能面が量産車と同等に改造され、EF66 901と改番されて下関に移り、量産車の仲間に加わった。

以来、EF66は日本の大動脈、東海道・山陽本線を中心に運用を続け、エリート機関車として名を馳せるのである。

EF66 100に施された、ブルーの濃淡ツートン＋ホワイトの車体塗色が美しく表現され、イエローに塗装されたドアなども的確に再現されている。また、屋根の色は車体上部の青色で表現され、付属のGPSアンテナを取り付けるガイドがボディ裏面にある。EF66 100番台●KATO

2000年頃のJR西日本下関地域鉄道部所属機をプロトタイプに製品化。パンタグラフはPS22下枠交差形が装着し、前面飾り帯の溝部の青色が的確に再現されている。また、前面手スリ、列車無線アンテナ、避雷器、解放テコなどはあらかじめ取付済。EF66 0番台（後期形 ブルートレイン牽引機）●KATO

EF66 0番台後期型
製造初年度：1973年 台車：DT133B、DT134

EF66 0番台後期型 特急牽引機（JR西日本仕様）
製造初年度：1973年 台車：DT133B、DT134

1973年から製造された0番台後期型は、前面窓の上にヒサシを設けたのが目立つ。また、屋根の肩にある通風口の形状が2連から4連に改められ、側面の点検蓋の位置も、車端から中央に移っている。0番台は前期型、後期型ともに新製時のパンタグラフはPS17だった。また、写真の模型は列車無線アンテナを装着している。●KATO

0番台のパンタグラフは、後に下枠交差式のPS22系に換装されたものが多い。JR西日本に継承されたものはブルートレイン牽引用となり、1990年にパンタグラフ付きのロビーカー、スハ25 300番台が『あさかぜ』用に登場した際、操作用としてKE70HEジャンパ連結器が前面のスカートに追加された。写真は2位側。●TOMIX

強大な牽引力と
高速性能を実現

デッキ付きの旧型から箱形の新性能型へと進化した国鉄の電気機関車だが、
EF66では特急型電車を思わせる流麗なスタイルで登場。
1000t級の高速貨物を牽引するため、メカニズム面でも新設計の機器が多数搭載された。

スタイリッシュな外観でも人気を博す

EF66は運転台を高い位置に設け、前面形状がまったく新しいものになっている。傾斜した前面窓や、左右の腰部に縦配置されたライトからは、ボンネット型特急電車をも連想させる。

左右のライトの間には銀色に輝く飾り帯があり、顔立ちを引き締めている。側面上方を傾斜させた車体断面も、それまでの電機の概念を打ち破るものといえる。

塗装はブルトレ牽引機のような、青とクリームの塗り分け。そして、前面のナンバープレートには、特急型電車のシンボルマークに似た逆三角形の台座があり、特別な機関車であることがわかる。

遠くからでもひと目でEF66と判別できる斬新でスタイリッシュな外観に、多くの人が「貨物専用機にしておくのは惜しい」と感じたものである。

EF66独特の技術

EF66には数々の技術が採用された。電動機の出力が大きく、それに対応した制御系統を持つのはもちろん、高速での安定した走行のため、足まわりも工夫された。

レール面の凹凸に動輪をスムーズに追従させるため、台車の軸バネには空気バネを採用。また、電動機の搭載方式も改め、動輪に直接かかる重量を軽減した。

さらに、前後の台車は空気バネのボルスターアンカーで車体を結合し、カーブで左右に動く中間台車には、揺れ枕と吊りリンクを使用している。

従来の電気機関車と異なり、特急型電車のように高い位置に設けられた運転台は、EF66だけ。ナンバープレートの土台も特急マークのように見える。

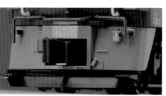

模型では再現されていないが、登場時は連結器の両脇にブレーキ管と元空気ダメ管を備えた密着式自動連結器を装備。スカートそのものはシンプル。

丸いマスコンハンドルの上に弱め界磁ハンドルが載った形状は、EF66独自のもの。運転台の操作性も向上した。

高速度での性能を高めるため、専用のDT133A台車を新開発。中空軸可トウ駆動方式は、EF66のみの採用。

中間台車は、曲線通過時に中心ピンが軌道中心から大きく変異するため、揺れ枕吊り式のDT133Bを開発した。

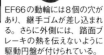

EF66の動輪には8個の穴があり、継手ゴムが差し込まれている。さらに外側には、踏面ブレーキの熱を伝えないように駆動円盤が付けられている。

貨物も旅客も日本の輸送を掌った花形スター

高速貨物輸送は好評で、輸送量も増えたため35両のEF66が増備され、
東海道・山陽本線という日本の大動脈の貨物輸送を支えた。
1985年からはついに寝台特急運用にも起用された。

ブルートレインの牽引に抜擢

　スマートなスタイルと特急色の塗装のEF66に対し「ブルートレインを牽引したら、どれほど似合うだろうか」と思うファンも多かった。それは、貨物用に設計されたEF66にとって「かなわぬ夢」であったが、1985年3月のダイヤ改正で、思いがけず実現する。

　これは、24系25形客車で運転されていた『はやぶさ』に、『ロビーカー』のオハ24 700番台を連結（翌年から『富士』にも連結）するため取られた措置だった。

　オハ24を加えたため編成重量が増加し、それまで牽引してきたEF65 1000番台では牽引定数が不足してしまったのだ。貨物列車削減により、EF66が余剰気味だったのも幸いした。

　ブルートレインへのEF66の投入は、運用の効率化のため『ロビーカー』の有無に関わらず、東京～下関間を走る定期寝台特急のすべてが対象となった。この栄えある運用に就いたのは、下関配置のEF66。

　なお、東京発着の定期寝台特急のうち、東京～宇野間の『瀬戸』、京都までを担当する『出雲』は、引き続き東京機関区のEF65 1000番台が使用された。

MODEL COLLECTION 2

台車、床下機器がグレーで、スカートにジャンパ栓のある姿を再現。印刷済みヘッドマーク「富士・はやぶさ・なはあかつき・彗星あかつき・富士」やナンバープレート「EF66-42・45・46・49」が別パーツで付属する。JR EF66-0形電気機関車（後期型・特急牽引機・グレー台車）●TOMIX

EF66の顔の変遷

EF66 0番台
前期型 ●KATO

EF66 0番台
後期型 ●KATO

EF66 100番台
前期型 ●TOMIX

EF66 100番台
後期型 ●KATO

　EF66の人気の理由のひとつは、スマートな外観デザイン。特にフロントビューは個性的だ。

　0番台前期型とくらべ、同後期型2次量産車は窓上にヒサシが追加され、印象が変わった。なお、前期型にも後にヒサシを追加した車両もある。

　また、ステンレスの飾り帯に備えた通風口は、後期型で廃止された。

　100番台になると、前面のスタイルは一新。さらに後期型に移行すると、ライトが丸型からカバー付きの角型になり、車体裾に青帯が加わった。

ブルートレインの廃止と
貨物輸送の需要拡大

EF66も登場から長い年月が経過し、廃車が進む。
また、貨物運用に入るEF66は従来は入線しなかった東京以北の路線にも進出し、
勇姿が見られる線区が拡大したが、こちらも現在稼働しているのはわずかとなった。

更新工事で延命をはかる

EF66 100番台の製造終了後、直流高速貨物機の新製はJR貨物が開発した完全な新形式、EF200へ移行。さらに、より汎用性を高めて設計されたEF210が登場し、これが新しい直流貨物の標準機となる。

新しい直流機が導入される一方、EF66 0番台は車齢が進み、老朽化が問題となってきた。そこでJR貨物では、1993年から延命のための更新工事がおこなった。更新機は塗装が変更されているが、複数のバリエーションがある。

また、更新に先立ち運転室への冷房搭載工事もおこなわれた。

24年にも渡ったブルトレ牽引

EF65 1000番台PF型から運用を引き継いだ1985年当時、EF66は東京～下関間の寝台特急6往復を担当していた。しかし1993年12月の『みずほ』廃止を皮切りに、徐々に本数が減り、所要数が減少。1990年代には廃車がはじまり、41・44・52・54の4両は1999年から2002年にかけて、JR貨物へ譲渡された。

一方で、関西～九州間のいわゆる『関西

当初は白かった EF200 も、現在は
EF210と同じカラーリングに変更された。
手前からEF210 100番台、EF200●
ともにKATO

EF66の貨物用後継機

　JR貨物でEF66 100番台などが増備された後は、新しい技術による新造車にシフトした。

　1990年に登場した新形式がEF200。出力6000kWという高性能機で、まず試作機901を製造し、1992年に量産を開始した。

　その後、出力を抑えて高い信頼性を持たせ、EF65の後継も兼ねたEF210を開発。1996年に試作車、1998年に量産車が登場し、直流貨物用の標準機として増備が続いている。

ブルトレ』のうち『あかつき』+『彗星』(併結)の京都〜下関間1往復が、2000年10月からEF66の運用に加わった。これは2005年10月に『あかつき』+『なは』に改められたが、2008年2月に廃止となった。

　この時点で、JR西日本のEF66の運用は『富士』+『はやぶさ』(併結)の東京〜下関間1往復を残すのみとなった。最後の東京発着ブルトレともなったこの列車も、2009年3月を持って廃止。意外にも貨物専用として開発されたEF66が、東海道・山陽ブルトレでは、24年間と最長期にわたる牽引機となった。

MODEL COLLECTION ③

スカートはMR管、KE70ジャンパ栓のない原型の姿で、PS17形パンタグラフを搭載した姿を再現。印刷済みヘッドマーク「はやぶさ・みずほ・あさかぜ・富士」と「EF66-40・43・47・51」のナンバープレートが付属する。国鉄EF66-0形電気機関車(後期型・国鉄仕様)●TOMIX

100番台の登場と迫る終焉

JR貨物では、増加する貨物需要に応えるため、
一部を改良して100番台としたEF66の新製に踏み切った。
だが、新型機の増備が進むと、活躍の場は徐々に失われていった。

JR初の新製直流機EF66 100番台

　新たに登場したEF66 100番台は、前頭部の形状が一新されただけでなく、車体上半分が濃淡のブルー、下半分がライトグレー、そして乗務員ドアが黄土色という、JR貨物の標準色となるカラーリングを採用。

　また、パンタグラフは下枠交差型となり、0番台とくらべると別形式に見えるほど外観が変化した。

　ブレーキ関係も一部仕様を変更し、連結器も0番台の密着自動連結器から一般的な自動連結器に改められた。また、運転室に冷房装置を設置して、乗務員にも優しい機関車となった。

　後期型では、車体裾に青帯が追加され、横向きの長方形のケースに収まったヘッドおよびテールライトの形状も角形に変更。一部補助機器の仕様改良などもおこなわれた。

100番台も余命わずかか

　21世紀に入ると、貨物輸送需要の低迷と新型機の増備により、EF66も勢力を縮小していく。廃車がはじまったのは2001年で、2023年現在残っているのは0番台が1両（27号機、ただし全検切れ）、100番台も稼働しているのは15両程度になってしまった。EF66が本線上で力走する姿を見られる時間は残りわずかといえそうだ。

MODEL COLLECTION 4

車体側面裾部の腰板が撤去され、メーカーズプレートが移設された姿をはじめ、スカートはMR管化に改造された姿などが新規製作で再現されている。また、屋根はグレーの姿で再現され、PS22C形パンタグラフを搭載。JR EF66-0形電気機関車（27号機）●TOMIX

EF66 SERIES PROFILE 2

EF66 100番台前期型
製造初年度：1988年　台車：FD133C、FD134B

100番台はJR貨物移行後の1988年に登場した。塗装や前面の形状が一新され、まるで別形式に見える。側面中央から右側の助士席側窓下に移ったナンバー位置も目新しい。また、左側の運転席窓下には、磨き出しのJR貨物マークがある。108号機までは裾帯がなく、前期型と呼ばれる。パンタグラフは新製時よりPS22Bとなっている。●TOMIX

EF66 100番台後期型
製造初年度：1989年　台車：FD133C、FD134B

109号機以降の100番台後期型は、車体の裾にブルーの帯が追加され、前期型と印象が異なる。パンタグラフは空気による昇降操作から電磁式に改められ、形式はPS22Dとなった。また、中間台車枕バネの構造の変更など、細部の改良もおこなわれ、完成度が高くなっている。●KATO

ED75

交流電機としてはもっとも多く製造され、北海道、本州、九州に足跡を残したED75。
ブルートレインから貨物列車まで、あらゆる運用をこなした。
小柄ながら、汎用性に優れる機関車の魅力に迫る。

ED75

交流用電気機関車
初の標準機

戦後に開発がはじまった国鉄交流電機のなかで、はじめて標準機となったのがED75だ。
真っ赤な塗色と洗練されたスタイルは、長く人々に親しまれる存在となる。

交流機の技術を結集した傑作機

　国鉄の交流電化は直流にくらべ歴史が浅く、1955年に仙山線ではじめて本格的な試験を開始した。その際、交流の試作機としてED44とED45が登場し、テストが繰り返された。

　1957年に北陸本線が電化され、交流電機初の量産機、ED70がデビュー。その後は1960年代初頭までの間に東北本線用のED71、九州用のED72およびED73、北陸本線用のEF70およびED74と、矢継ぎ早に新形式が登場している。

　これだけ多くの形式が出現したのは、まだ交流機の技術が熟成されておらず、試行錯誤していたからだ。たとえば、交流機の心臓部分といえる整流器（架線から送られた電気を交流から直流に改める機器）も複数の方式が試され、まだスタンダードな方式が定まっていない。

　このような状況のなか、東北本線と常磐線の交流電化の拡大に向け、次なる新形式の

東北本線交流機のパイオニア ED71

　1959年、東北本線ではじめて黒磯～白川間が交流電化された。その際に登場した交流電機は、水銀整流器を持つED71だった。旅客列車は1両、貨物列車は重連で牽引する方式で、これはED75に踏襲される。

　1963年までに55両が製造され、そのうち1～3号機は試作、4号機以降は量産で、45号機からは駆動方式や側面の窓配置などが変更された。

ED75 の基礎となった ED74

　北陸本線の平坦区間での運用を想定し、1962年に6両が投入されたのがED74だ。前年に登場した同線勾配区間向けのEF70とともに、高圧タップ切換器とシリコン整流器を持つ。

　この整流方式やジャックマン式リンクを持つ台車構造、主電動機などがED74からED75に受け継がれる。ちなみに北陸本線用交流機の増備はEF70に統一され、6両のED74は1968年に九州へ転属した。

前面が傾斜したスタイルが特徴のED71。写真は上下に4枚のルーバーが並ぶ姿が特徴的な初期型。ED71 ●マイクロエース

ED75を非貫通型にしたようなスタイルをしているED74。デザイン面でも先駆けていた、といえそうだ。ED74 ●マイクロエース

MODEL COLLECTION 1

「ツララ切り」の付く67号機と77号機の2両セットは、国鉄当時の姿を再現。フライホイール付き動力を採用するが、モーターは67号機のみの搭載。ED75-67＋77 重連セット●マイクロエース

寒冷地対策でひさしが追加された特徴ある形状を再現。ナンバープレートは別パーツ付属「ED75-58・64・75・83」で、新モーター（M-13）を採用。ED75-0（ひさし付・前期型）●TOMIX

ひさしがなくなり、スカート形状が変更されるなど細部が変化した後期型がプロトタイプ。ナンバープレートは別パーツ付属「ED75-105・122・128・131」。ED75-0（ひさし付・後期型）●TOMIX

開発が進められた。両線の電化が完成すると、黒磯・水戸〜青森間という日本最長の交流電機の運用区間が生まれるため、オールマイティな性能が必要となる。

そうして1963年に登場したのが、それまでの交流機技術開発の集大成ともいえる、4本の動輪を持つED75だ。

ED71の後継機として汎用性を重視して設計

断続的な勾配区間がほぼ全域にわたって続く東北本線での運用で考えられたのは、旅客列車は単機、貨物列車は重連で牽引し、ひとつの形式で両方を兼ねることだった。

交流電化で先行した北陸本線では、平坦区間はED74、勾配区間ではEF70と使い分けを目論んだが、効率を考慮して対照的な手法が採られた。実際、北陸本線では後にEF70に統一された。

整流器はそれまでの実績でもっとも信頼性が高かったシリコン式を採用。これはEF70・ED74と同じ方式だが、制御方式に磁気増幅器が用いられ、シリコン式では不可能だった、主電動機への連続的な電圧供給が可能になった。また、東北方面の電化路線の客車は電気暖房を使用していたので、主回路から電源を取れるようにした。

台車は模型でいう中心ピンに相当するものがなく、枕バネで車体と結合し、ジャックマン式リンクで台車の回転中心を決めて、同時に牽引力を伝達する。これはED74が採用した構造と同じもので、力行中に動輪にかかる重量の変動が小さく、牽引力を安定させる効果がある。

さらに重連運転のための総括制御機能を持ち、2両の間を乗務員が移動しやすいよう、前面を貫通式にしたのも外観の特徴となった。

1963年には、試作機である1・2号機が落成。両者は性能面では同等ながら、一部機器の仕様や車体の裾部分の構造に違いがあった。各種試験を経て、翌年から1・2号機の長所を取り入れて、3号機以降が量産された。

寒冷地の装備 「ツララ切り」

　ED75 50〜100号機の前面窓の上には、板状のひさしのようなものがある。これはトンネルに下がったツララを切り、窓ガラスが割れるのを防ぐ装備で、東北本線の電化が盛岡まで進んだ際に導入された。

追加装備されたツララ切りは、101号機以降や1000番台、700番台には装備されず、どれほど効果があったのか疑問も残る。
ED75●KATO

COLUMN

新型電機

D型で1900kWと、EF65などとくらべてコンパクトにまとまっているが、交流区間の平坦線では充分なパワーを持っている。ED75●TOMIX

　旧型電機と新型電機の外見的な違いは、やはりデッキと先台車がなくなったこと（EF67をのぞく）。これは台枠を電車と同様のボギー台車とすることで旋回性がよくなり先輪を不要としたのだ。

　制御システムも新しくなり、粘着性能が向上。ギア比と変えずとも旅客・貨物列車のいずれも牽引できるようになった。ED60以降の形式が60〜80番台の機関車が新型機関車のカテゴリーに入る。

　JR化後の機関車はVVVFインバーター制御を採用した、さらにもう一世代進んだ機関車と考えていいだろう。

青函トンネルの主 ED79

　1988年に青函トンネルが開通し、本州と北海道が線路で結ばれた。連続勾配、保安装置などの面から専用の機関車が必要で、ED75 700番台を改造したED79が国鉄末期から準備された。

　この形式は本務機用の0番台と、重連貨物列車の補機用の100番台が設定され、いずれもJR北海道に配属。1989・90年には、増加する貨物輸送に10両の50番台がJR貨物により新製された。

ED79 50番台では、EF66 100番台などと同じ塗色が採用され、乗務員扉を赤色にして交流用を示した。EDF79 0番台では、シングルアーム式パンタグラフに換装した車両も登場した。右からED79 50番台、0番台シングルアーム式パンタグラフ●ともにTOMIX

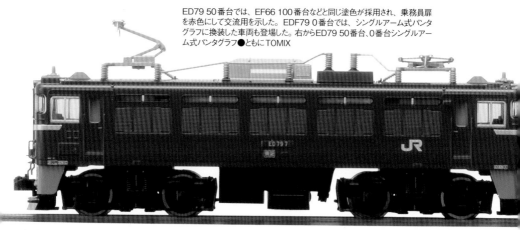

Model Collection 2

新動力の採用で強力な走りが得られ、ユーザー別付けパーツの多用で緻密なディテールが楽しめる。「前期型」は、1001〜1015号機がプロトタイプで、テールライトは内ハメ式だ。
ED75-1000(前期型) ● TOMIX

ブロック式ナンバー、外ハメ式テールライトを装着した1026〜1039号機の「後期型」もラインナップ。側面向かって右側の電気暖房表示灯は、「前期型」が中型なのに対し「後期型」は大型と、小さなディテールながら、きちんとつくり分けている。
ED75-1000(後期型) ● TOMIX

ED75-1000形のうち更新色となった前期型がプロトタイプで、2000年代に見られた電暖表示灯が撤去された姿を再現。
ED75-1000(前期型・JR貨物更新車) ● TOMIX

運転室横の窓がHゴムの姿で、グレーで再現。JRマークはあらかじめ印刷済みで、印刷済みヘッドマーク『ゆうづる・あけぼの』が付属する。JR ED75-700(前期型) ● TOMIX

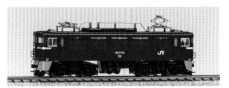

運転台屋根の扇風機カバーが大きい後期型を新規製作。ナンバープレートは別パーツ付属「ED75-751・757・758・759」。電暖表示灯は台形で大型のものをが再現されている。
JR ED75-700(後期型) ● TOMIX

昭和43年に製造された132〜160号機がプロトタイプ。前面ガラスはデフロスタありで表現され、1000番台とは異なる装備のスカートが再現されている。ED75 0(後期形) ● KATO

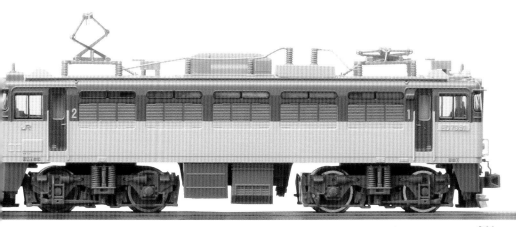

多岐にわたるバリエーション

ED75の増備が続くなか、仕様別の番台区分も設定された。
さらに、東北方面以外の地域にも守備範囲を拡大。
交流機で唯一の「全国区」の形式に成長した。

東北本線・奥羽本線・常磐線を中心に活躍

1964年からはじまったED75の量産は順調に進む。1965年製の50号機からはマイナーチェンジを実施し、前面窓に「ツララ切り」が追加された。しかし、翌年の増備途中、101号機からは再び「ツララ切り」なしに戻っている。こうして0番台の量産は1968年まで続き、160両の布陣となった。

1967年には常磐線、翌年には東北本線の全線電化が完成。1968年には、20系ブルートレインと10000系貨車の高速運転に対応したブレーキ制御等の機能を追加した1000番台が登場し、ED75は両線で縦横無尽の活躍を繰り広げていく。

0番台と1000番台の運用範囲は黒磯・水戸～青森間で、特に東北本線小牛田以北と常磐線平(現・いわき)以北は、ほかの形式の電機は入線せず、旅客列車も貨物列車もED75の独壇場となった。

運用の花形はブルートレイン『ゆうづる』で、ほかにも数々の急行列車を牽引。貨物列車には重連運用が多数あり、回送用機関車を加えた三重連も見られた。まだ東北新幹線も東北自動車道もなかった時代、真っ赤な車体のED75が牽引する客車列車や貨物列車は、東京と東北・北海道を結ぶ大動脈を

ED75から発展した形式①
九州と北海道の標準機

ED75には、九州向けの300番台と北海道向けの500番台があったが、ともに客車の蒸気暖房に対応していないため運用が制約された。

そこで、蒸気発生装置(SG)を搭載し本命となったのがED76で、九州には一般用の0番台と高速貨車対応の1000番台、北海道には500番台が導入された。

それぞれの走行性能はED75 300番台、500番台に準ずるが、ともにSG搭載スペースのために車体が大型化され、中間に追加された無動力の台車が増えた重量を支える。

ED75から発展した形式②
九州と北海道の標準機

東北本線の交流電化路線のうち、東北・常磐・奥羽・羽越の各線以外には専用スペックの形式が登場した。

磐越西線郡山～喜多方間は線路規格が低いため、中間に無動力台車を設けて軸重を軽減したED77を導入。EF71は奥羽本線の板谷峠(福島～米沢間)用、ED78はそれに加えて仙山線も運転可能とした。

これら3形式にはED75の技術が継承され、制御には500番台で発展を遂げたサイリスタ位相制御を改良したものが採用された。

F級機のような大きな車体が特徴のED76。0・1000番台の前面は非貫通式、500番台は貫通式だ。ED76 0番台 ●TOMIX

東北地区の交流電機には、特定の路線専用の形式があったのも魅力だった。手前からED77、ED78 ●ともにマイクロエース、EF71 ●TOMIX

MODEL COLLECTION 3

1004・1005号機は、JR貨物の発足から間もなく導入された試験塗色のひとつで、赤、黒、クリームから「パンダ色」と呼ばれた。同時発売の「67・77号機」とくらべ、ツララ切りがなく、ジャンパ連結器、スカート形状、無線アンテナなどがつくり分けられている。ED75-1004・1005 貨物試験色●マイクロエース

1987年登場のジョイフルトレイン『オリエントサルーン』の初代牽引機だった707・711号機を再現した2両セット。独特の塗色はもちろん、2両で異なるナンバーの色（707が金、711が白）も再現。モーターは2両とも搭載される。ED75-707/711 オリエントサルーン●マイクロエース

1028号機はJR貨物新更新色の第1号で、2003年に出場。車体側面の「ED75」のロゴは、『スーパーエクスプレスレインボー』用のEF65・EF81を思わせる。モデルでは1028号機の特徴でもある、運転室側面窓のアルミサッシ化や電気暖房表示灯の撤去も再現されている。ED75-1000（1028 号機・JR貨物更新車）●TOMIX

「前期型・JR新更新車」は、車体裾に白帯を巻いたJR貨物の新更新色。プロトタイプは1001 ～ 1019号機。塗り分けだけでなく、車体側面の電気暖房表示灯を撤去した姿も「JR更新色」の製品と異なる。また、ほかのTOMIX製品と同様に、運転室内部の表現もある。ED75-1000（前期型・JR貨物新更新車）●TOMIX

担っていたのである。

なお、1000番台の増備は後述する700番台の登場後も継続し、ラストナンバーは1976年製の1039号機となった。

電化が進んだ
北海道や九州にも投入

ED75はもともと東北本線、常磐線用だったが、それ以外の地域も守備範囲に加えていった。まず新たに進出したのは九州。鹿児島本線の電化延伸のためED73の増備として、1965年に当時最新鋭だったED75が導入された。

電源を交流60Hzに改め、装備を暖地向けにするなど、一部仕様を変更したため300番台と区分。同年中に301 ～ 310号機の10両が製造され、翌年には10000系貨車による高速運転に対応したブレーキ関係の装備

が追加された。

300番台も電気暖房用電源を搭載しているが、九州の客車は蒸気暖房仕様だった。そのため、担当は貨物およびブルートレインに限定された。運用範囲は当初が鹿児島本線熊本以北で、後に電化された長崎本線にも乗り入れている。

1968年には311号機が10000系貨車対応仕様で増備されるが、その後の九州向け交流機は蒸気発生装置搭載のED76に1本化された。

また、北海道においても函館本線の電化に対応し、1966年に500番台が試作された。寒冷地装備の強化に加え、新たにサイリスタ位相制御も採用。製造は501号のみで終わり、量産は蒸気発生装置搭載のED76 500番台となるが、北海道向け交流電機のパイオニアとして重要な役割を果たした。

交流電気機関車の決定版となった名機

分割民営化後はJR東日本とJR貨物が継承したが、2023年現在、仙台車両センターに757〜759号機の3両、秋田総合車両センターに767・777号機の2両の計5両が残るのみで、2023年度中に777号機の引退が予定されている。

耐塩害・耐寒・耐雪を考慮して製造された700番台

本州向けのED75は、1968年の東北本線全線電化完成後はいったん増備のペースが落ちたものの、1971年からは奥羽本線と羽越本線の電化にともない、再び大量に製造される。その際、仕様が大きく変更され700番台と区分された。

各種機器類の小型化や信頼性向上のための改良を実施。日本海沿いの厳しい気象条件を考慮し、高圧電流の機器類は屋根上から車体内に移された。また、パンタグラフは従来のPS101から下枠交差式のPS103に改められ、機器類の変更ですっきりした屋根上と合わせ、外観のイメージも一新された。

700番台は1976年まで増備が続き、ラストナンバーは791号機となった。運用範囲は奥羽本線と羽越本線で、ブルートレイン『あけぼの』『日本海』も牽引。1980年代には一部が東北本線に移り、0番台や1000番台に混ざって活躍した。

1963〜76年の間に、各番台を合わせ総勢302両が製造されたED75は、国鉄電機全体としてもEF65の303両に次ぎ、わずか1両差の2位を誇る規模となった。名実ともに「交流電機のスタンダード」と呼ぶべき存在である。

MODEL COLLECTION 4

759号機は、JR東日本の仙台車両センターに配置されている700番台のうちの1両で、ED79のようにアルミサッシ化された運転室側面窓が特徴だ。解放テコは別部品で、手すりはモールドで再現されている。ED75-759 仙台機関区 ●マイクロエース

ED75 重連の後継 EH500

東北本線の交流電化区間で長年主力として君臨してきたED75も、老朽化が進み代替機が必要となった。そこで、貨物列車については強力な交直流機を投入し、重連を組まずに首都圏から北海道まで直通で運用するのが効率的と考えられた。

こうして誕生したのが、2車体連結のEH500だ。1997年に試作機、2000年に量産機が登場し、増備された。

ED75だけでなく、青函トンネルでのED79の重連運用をも不要としたEH500。JR貨物を代表する機関車のひとつだ。愛称は「ECO-POWER 金太郎」。●TOMIX

ED75と同じ顔を持つ直流電機

パノラミックウィンドウに貫通ドアというスタイルの前面は、EF64やEF65 1000番台でおなじみだ。

じつはこの「顔」、塗装が違うので気づきにくいが、ED75が最初に採用したデザインで、それが普及したもの。貫通ドアは重連運転に対応したもので、外側に開く。

EF63までは個々に違う形態をしていたが、EF64とEF65PF型では、飾り帯がないほかは、前面から乗務員室扉にかけてED75と同様のデザインが採用された。右からEF64、EF65 1000番台●ともにTOMIX

EF81

交流・直流問わず架線が張ってあればどこでも走れる交直流車。
そんな万能機関車であるEF81はどのように使われたのだろう。
EF81が生まれ、長寿となった理由を見る。

EF 81 47

異なる電源区間を
通過するには

交流と直流の両方を使い、3種の異なる方式で電化された日本海縦貫線。
ここを効率よく運用するにはどんな機関車が必要だろうか。

ロングランか性能か

　北陸本線・信越本線・羽越本線・奥羽本線などからなる日本海縦貫線は、その成り立ちから交流20000V/60Hz、直流1500V、交流20000V/50Hzの3種の電化方式が使われている。そして貨物列車や特急『日本海』などは、この3つの電化区間を通して運転されていた。

　この区間で最も経済的に機関車を運用するにはどういった性能の機関車が望ましいのか国鉄内で検討された。

　日本海縦貫線は東海道本線ほどではないが需要は高く、1000t級の貨物列車を楽に牽引できる性能がほしい。交流機ならモーターを並列接続でき、さらに位相制御などを使えばトルクの伝達も有利で高性能を得られるが、新潟県付近に直流区間があるのでこの方法は使えない。

　そこで電機子チョッパ制御を採用してD型機でF型機並みの粘着性能を得ることが検討されたが、まだチョッパ制御は技術的な課題が多く時期尚早と判断された。

北陸本線電化開業時は交流機関車で対応したが、青森まで運行するには交直流機が必要になった。EF70 ●マイクロエース

交流機関車ではだめなのか

　日本海縦貫線は梶屋敷～村上間が直流電化のため、交直流機関車がない場合は大阪～青森間で3度の機関車交換が必要で効率が著しく悪い。交流60Hz・直流・交流50Hzそれぞれに機関車を開発しなくてはならず、いたずらに車種が増えてしまうデメリットもある。

車両面でも電圧の変化が容易なので粘着性能を高められる利点がある。●マイクロエース

交流電化が選ばれた理由

　交流電源は一定サイクルで電圧がゼロになる瞬間があり、高圧の電気を安全に遮断できる。そのため高圧で長い距離を送電でき、変電所の数を減らして電化費用を低減できる利点がある。そのため、需要の大きくない地方幹線では交流電化が有利とされた。

日本海縦貫線用
機関車の検討

日本海縦貫線用新型機関車は表の5パターンが検討された。そのうえで技術的な問題や経済性などを比較検討し、最終的にはF形の抵抗制御に落ち着いた。技術的なアドバンスが高くともそれが経済的に見合わなければ、輸送機械としては問題なわけだ。チョッパ制御は時期尚早、EF80形は経済性などに問題ありとされ最終的に抵抗制御に落ち着いた。

	1案	2案	3案	4案	5案
軸配置	D型 （4軸駆動＋付随台車）	D型 （4軸駆動＋付随台車）	F型 （6軸駆動）	F型 （6軸駆動）	F型 （6軸駆動）
制御方式	チョッパ制御	抵抗制御	チョッパ制御	抵抗制御	
ベース車	なし	なし	なし	EF80	EF65
検討	技術面で要検討	列車によっては重連が必要で不経済	技術面で要検討。北陸本線では過剰性能	粘着性能・軽量化など改善が必要	軽量化を検討することで可能か

北陸本線電化開業時は交流機関車で対応したが、青森まで運行するには交直流機が必要になった。EF70 ●マイクロエース

EF80の利点と欠点

常磐線で活躍していたEF80は1台車1モーター方式を採用。これによって機器を集約し重くなりがちな交直流機でありながら、EF65と同じ96tに重量を収めた。しかしこの駆動方式は機構が複雑で故障も多く、経済性はいまひとつだった。

EF80ではダメなのか

交直流機関車としてはすでにEF80形が常磐線で運用されており、日本海縦貫線用もEF80をベースに耐寒構造を強化した機関車をつくればよいのではという考えも生まれた。

しかしEF80は足まわりが特殊な機構なうえ、重量もギリギリで性能ののりしろが小さく、その上に耐寒装備を施すことでの重量増や性能低下は免れない。加えて価格面でもクイル駆動など特殊な装備は導入コストも維持コストも余計にかかるため経済性が落ちてしまう。

結果として日本海縦貫線の新型機関車は、EF65形に交直流設備を付加したようなものとすることになった。とはいえEF65も重さは

検討されていたチョッパ制御

チョッパ制御は電気を細かくON／OFFし通電時間を調整することで任意の電圧を取り出す。これで抵抗制御では不可能な滑らかなトルクを引き出すことができるが、大電流をスイッチングできる半導体の価格や耐久性などに難があるため、EF81では採用されなかった。

電機子チョッパ制御の機関車はEF67で実現。リニアなトルクが出る特性は勾配補機に最適。●TOMIX

96tで追加装備の余裕はそれほど大きいわけではない。そのため同時に軽量化にも配慮したデザインが求められることとなった。

大きく重くなる交直流機

交直流機には直流機に加えて変圧器と整流器を載せる必要がある。容量・性能にもよるがこの重さがだいたい17tくらいあるため、ほかの部分で軽量化をしないと交直流機は大きく重くなり、パワーウエイトレシオで直流機に負けてしまうことになる。

EF65
直流機はトルクの出し方にひと工夫必要だが、機器構成は比較的シンプルだ。●KATO

ED75
交流機は粘着性能を高めることで、直流機より小型でも同等の性能を出すことができる。●KATO

EF81
交直流機は直流機に変圧器と整流器を追加装備するため、どうしても大きく重くなる。●KATO

非凡な平凡

いろいろ検討された結果、できあがった車両はごくごく平凡なものだった。
しかし、EF81は非凡なる能力を発揮した。

高い運用性能

さまざまな検討の結果、1968年にEF81は登場した。技術的にはEF65に交流機器を搭載しただけの平凡なもので、走行性能も特筆すべきものはない。しかも性能面でも粘着性能ではEF70など交流機関車の後塵を拝してしまっている。

とはいえEF65と同じ抵抗制御ということは、保守面ではたとえ故障しても容易に修理が可能ということであり、また制御方式が平凡でも3電源区間を通し運転できる性能は何物にも代えがたかった。

運用開始当初は高価な交直流機での長距離運用は老朽化を早めるとしてあまりおこ

なわれなかったが、1980年代からは交流用・直流用など多形式の車種を保有するよりEF81に統一して運用効率を高めようという考えに変わってきた。こうなるとEF81の独壇場となり、最終的に164両が製造された。EF65の308両とくらべると半分程度の両数だが、運用区間を考えれば十分大量生産といえる。

重連非対応

EF81は正面に貫通扉がなく重連用の機構も国鉄時代には装備されていない。これは北陸本線で1000t貨物を牽引するという目的では重連運転の必要がないためだ。ただしのちに関門トンネル通過時に重連運転が可能なように改造／製造された車両もある。

重連運転は不経済なのでできることならない方がよい。重連運転用のジャンパ栓などがないスカートまわり。● KATO

耐寒構造と屋上

交流機や交直流機の場合、屋上に断路器やヒューズ、20000Vの母線が賑々しく並ぶが、塩害や降雪がもとで故障の原因になるため、EF81ではこれらを車内に収容した。そのため、屋上は一般的な交流機とくらべシンプルになっている。

EF65ベース

EF65は直流機として過不足ない性能を持っていたのでこれをベースにEF81は製造された。ただし交流機器を搭載する分車体は全長で2・1m、全幅で100mm大きくなり、重量も4t近く増加している。

先に製造されたEF70とくらべるとEF81の屋上はシンプルだ。EF70 ●マイクロエース（上）、EF81 ●KATO（下）

模型でくらべてもEF65よりひとまわり車体が大きくなったEF81。EF65・EF81 ●ともにKATO

交流区間では出力が若干下がるが、1000t貨物の牽引は可能だ。EF81、コキ50000 ●ともにKATO

交流区間は8%パワーダウン

交直流機の場合、整流の関係で直流区間よりも出力が少し下がってしまう。EF81の場合は交流区間での出力は2370kwで直流区間より8%ほど小さい。また、起動時に定格出力よりも大きな力を出す過負荷にも交流区間では対応していないことが多い。

ブルートレインから貨物まで

EF81のベースとなったEF65が客貨両用機としてつくられているのであれば、それに交流機器を追加したEF81が客貨両用の運行ができない理由はない。

EF81は投入された北陸本線で1000t貨物列車を牽引する一方、『日本海』『つるぎ』といったブルートレイン、43系などの客車普通列車の牽引など客貨両方の先頭に立って活躍した。

もちろん問題が皆無というわけではなく、電気暖房用のサイリスタインバーターの故障や悪天候時の運転の難しさなどトラブルもあった。だが、トータルでは取扱いが容易で、かつEF80形などにくらべて機能なども保守しやすく改良されているため、交直流機の決定版として20年以上にわたって量産されることになったのだ。

北陸本線では『日本海』、東北本線では『はくつる』などの牽引を担当。●KATO

特急から貨物まで

EF81のベースとなったEF65が客貨両用の万能機だったように、EF81も貨物列車・旅客列車問わず牽引した。もちろんEF81にも20系や高速貨物と連結するためのMRP（元空気溜引き通し管）も装備しているので、被牽引車を選ばない万能機となっている。

直列接続ゆえの苦悩

EF81は交直流機で足まわりは直流機に準じているため、EF70など交流機にくらべ粘着性能が弱い。加えてEF65よりも交流設備分の軽量化をしなくてはならず、再粘着装置がそのあおりを受け簡素化されてしまっている。そのため悪天候時は交流機のEF70はもとより、直流機のEF65などとくらべても空転しやすく、機関士を悩ませた。

交直流機はモーターが直列接続なので一軸が空転するとほかの軸までトルクが落ちてしまう。●KATO

JR化後も主力として

国鉄がJRとなっても新規機関車の開発には時間がかかる。
その間、EF81はさらなる改良を受けて活躍を続けた。
整備しやすい汎用機の本領が発揮された形だ。

好景気を背景に

1987年に国鉄が分割・民営化されるとJR東日本、JR西日本、JR九州、JR貨物にそれぞれEF81は承継された。JR貨物としては旅客運用のことはもう考えなくていいため、貨物列車に特化した新型機関車を投入したいところだが、いちからの開発には時間が必要だ。

日本海縦貫線で活躍した500番台。450番台もTOMIXから発売される。●KATO

JR化後に登場した450・500番台

次世代交直流機関車の開発を進めていたJR貨物だが、輸送需要はその間もうなぎのぼりだったためつなぎとして製造されたのが450番台と500番台。450番台は関門トンネル対応で500番台は北陸本線を中心に運用された。

外見は0番台と大きく変わらない400番台。

関門トンネルに対応した400番台

1987年にEF30が全廃になるのに合わせて、1986年から0番台を重連対応に改造した400番台が14両登場した。塩害対策は屋根にのみおこなわれ、重連対応設備も簡易的なもので、当初は連結順序に制約があった。

一方その当時、日本は空前の好景気で貨物列車の輸送需要は逼迫していた。JR貨物としてもその需要に応えるために新型機関車の開発を進めつつも、輸送力増強用にEF81の製造を続けることにした。

1989年に製造されたのが500番台で、基本構造はこれまでのEF81に準ずるが、旅客列車を牽引する必要はないため電気暖房設備などはオミットされている。

さらに1991年には450番台が登場。こちらは本州〜九州の貨物需要に対応する関門トンネル用の機関車で、貨物用とあって重連総括制御に対応している。また、ほかの関門トンネル通過用EF81も重連対応に改造された。また、JR東日本やJR西日本に継承された車両の一部は専用の塗装をまとって、寝台特急の『カシオペア』や『トワイライトエクスプレス』の牽引機としても活躍した。

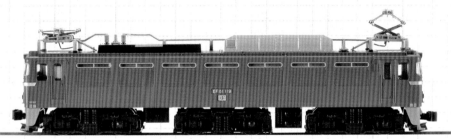

国鉄時代の一般的な塗装はこのローズピンク。●KATO

関門トンネル通過用に製造されたEF81はステンレスボディ。●TOMIX

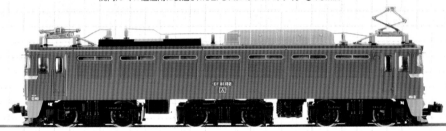

1979年の最終増備型は正面にひさしがついたほか、走行機器も若干変更されている。●TOMIX

関門トンネル対応として重連運転が可能なように改造された400番台。●TOMIX

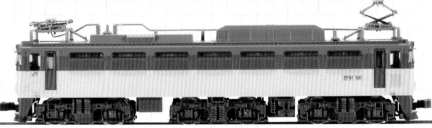

分割・民営化後に登場した500番台。青をベースにしたJR貨物色で登場。●KATO

後継機にバトンタッチ

すでに製造から40年を超えた車両もあるEF81。
資金力からなかなか置き換えが進まなかったものの、JR貨物ではようやく全廃のめどが立った。

進まない置き換え

EF81は1980年代以降、数多くの長距離仕業をこなし走行距離もかなり伸びている。そのうえ次世代交直流機の開発が遅れ、JR化後も長期にわたって主力として運用された。

しかし、1997年にEH500が、2001年にEF510が投入されはじめるとJR貨物機は徐々に置き換えが進んでいく。

だが、JR貨物の企業体力では1年に製造できる機関車の数はせいぜい10両といったところでそれをさらに直流機の置き換え用であるEF210などと平行して製造しなくてはならないため置き換えのペースは緩やかだった。

それでもようやく最後まで残った九州地区のEF81置き換え用に、EF500 300番台の投入を発表。しかし2021年度の製造は1両で、運用が開始された2023年3月まではEF81が使われた。

現在残っているなかでも303・406号機は更新されているとはいえ1974年製造。車齢が50年近くになる老朽機。まさに天寿を全うしたという表現がふさわしいだろう。

汎用のEF510（上）と連続勾配克服用のEH500（右）。
EF510 ●マイクロエース、EH500 ●TOMIX

EF510形とEH500形

国鉄時代の交直流機関車はEF81にほぼ一本化されていたが、JR貨物は新世代交直流機にEH500とEF510の2形式を新造した。これはEH500が東北本線・青函トンネルの連続勾配を克服するため8軸で粘着力を確保、日本海縦貫線はそこまでパワーが必要ないので6軸で価格を抑えたEF510を投入した。

天寿を全う

次世代交直流機開発の遅れもあって、EF81は車両によっては車齢40年以上の長寿機関車となった。性能面でぱっとしなかったのは事実だが、それでもEF65ゆずりの使い勝手のよさは長寿の秘訣でもあった。残る車両たちの最後の活躍に期待したい。

JRとなってからも貨物・旅客両面で大活躍。模型でもさまざまな姿が製品化された。右からトワイライト色・400番台JR九州仕様●ともにTOMIX、500番台JR貨物色●KATO、600番台●TOMIX

EF210

高出力のEF200が思うように
実力を発揮できなかったことを踏まえ、
「そこそこの」性能で登場したEF210。
数字の上では国鉄時代に登場した
EF66と大差ないこの機関車が
20年以上にわたって製造が続けられている
「理由」を見ていこう。

EF210

直流電機の壁

東海道本線の旺盛な貨物需要をもっと効率的な輸送でさばいていきたい。
しかし貨物列車を牽引する機関車の出力には上限があった。

ハイパワー機は本領発揮不可

　東海道本線は特急・急行列車を新幹線化
して運行本数を減らしてもなお、深夜帯には
10分間隔で貨物列車が雁行するような高需
要路線だ。

　運行本数が限界まで増えると、残る手段は
1編成当たりの輸送力を増やすしかない。当
時出力3900kWのEF66が1200tの貨物列車
を牽引していたが、これを25%増しの1600t、
コキ換算で32〜34車にできれば多少なりと
も輸送力の増大になる。

　そういったコンセプトで出力6000kWの
EF200が登場したが、それだけの出力を発
揮するためには変電所の送電能力を相応に
上げなくてはならない。しかし、インフラ強化
は旅客会社に線路を借りて営業するJR貨物
では自社の一存では思うように進まなかった。

　とくにEF200が登場したあたりから景気が
後退局面を迎え、各社が設備投資に消極的
になったのも痛かった。

　機関車だけ性能を上げてもインフラが相応

変電所の能力の
上限で国鉄時代
は出力の上限が
あった。101系
● KATO、EF66
● TOMIX

4000kWの壁

　直流電化区間では架線からの集電電流の問題か
ら、機関車も電車もおおむね出力4000kWを上限
に設計されていた。そのため101系電車はオール
電動車10両で4000kW、EF66も3900kWとなっ
ている。常磐線快速にはかつて12M3Tという編成
があったが1ユニットカットし、出力を4000kW未満
にしていた。

に強化されなければ、宝の持ち腐れなのだ。

経済性の高い機関車を

　EF200は優秀な機関車ではあったが、時
代が求めているものではなかった。そこであ
らためて「世相にあった機関車」として登場し
たのがEF210だ。景気の後退とJR貨物の方
針転換がこの電気機関車登場の理由となる。

　EF210ではEF200のハイパワーは捨て、

東海道貨物列車

　高需要路線の東海道本線には
これまでも多くの機関車が投入さ
れた。出力を牽引力と高速性能
で適切に配分し、1000t程度の
貨物を牽引することに適した
性能を目指している。一
方で勾配らしい勾配は関ケ
原付近だけなので、登坂
性能はそれほど重視してい
ないのも特徴だ。

蒸気機関車で1200t牽引を目指
したD52。●マイクロエース

最高速度65km/hと控え
めだが牽引力を重視した
EF15。●KATO

牽引力と高速性能の両立を目指
し8軸としたEH10。●KATO

1300tの貨物列車をEF66と同じ所要時間で牽引できる性能を目指した。ならば技術的にこなれたEF66を継続してつくればいいかというとそうはならない。

輸送にかかる経費をできるだけ抑えて利益を出さなくてはならないJR貨物としては、新造するなら経済性の高い機関車でなくてはならないからだ。

もっとも線路を借りているJR貨物は、回生ブレーキで電気代を節約するというようなシステムはそこまで重要ではない。

むしろ最新技術を導入する理由は、手間のかからない（＝保守コストの低い）車両を導入することにある。

将来の高速運転も視野に入れて設計されていたEF200。●KATO

JR東日本で客車列車牽引に使用されたEF510 500番台。VVVF制御になって速度と牽引力を両立している。●TOMIX

貨物用と旅客用

国鉄時代の直流機関車は装備・牽引力・速度の違いで貨物用と旅客用に分かれていた。しかし現在は、JR貨物が旅客列車を運用しないこと、数少ない客車列車も自前で電源が得られる車両ばかりなので旅客・貨物用の区別はなくなった。

駆動方式はそれまでの吊り掛け式ではなくリンク式を採用。●KATO

160km/h運転の野望

EF200は10‰勾配の均衡速度がおよそ100km/h。この力を平坦線で換算すると160km/hで走行も可能だ。そこで日立製作所は、将来の160km/h運転を考慮して駆動方式を吊り掛けではなくリンク式としてばね下質量を軽減している。

貨車も高速対応

JR貨物発足後、貨車も新形式が導入された。中でもコンテナ車のコキ100系は、最高速度を110km/hに引き上げるとともに、床の位置を低くし、上下寸法が大きい海上コンテナに対応するなど、改良が加えられている。

コキ100/101（1988年）
コキ100系のトップを飾ったのは、中間用のコキ100と電磁ブレーキ制御装置を持つ両端用のコキ101。コキ101＋コキ100＋コキ100＋コキ101の4両ユニットで運用される。●TOMIX

コキ102/103（1989年）
コキ100/101のブレーキ改良版がコキ102/103だ。外観では手ブレーキハンドルの位置などが変化した。両端のコキ103が2両のコキ102を挟む4両ユニットで運用される。●TOMIX

コキ104（1989年）
途中駅での連結・解放を考慮し、ユニットを組まず1両単位で運用可能としたコキ104。1989〜96年に大量に製造され、コキ5500やコキ10000などの置き換えを促進した。●TOMIX

コキ105（1990年）
4両ユニットより柔軟な運用が可能なように、コキ105では奇数車と偶数車がユニットを組む2両ユニット方式を導入。奇数番号車に電磁ブレーキ制御装置を搭載する。●TOMIX

コキ106（1997年）
コキ104をベースに、ISO規格海上コンテナ対応などの改良が加えられた。強度確保のため車体側枠の形状を変更。塗色は当初のコンテナブルーから灰色に変更された。●TOMIX

コキ107（2008年）
2006年に試作車が登場し、08年以降量産が続いている。1両単位で柔軟な運用が可能で、信頼性を一段と重視した設計だ。ISO規格コンテナにも対応している。●TOMIX

コキ110（2001年）
15ftコンテナ積載用として、コキ106を基に15ftコンテナ用緊締装置を追加。カラシ色の塗色が特徴。5両製造されたが、15ftコンテナは試験輸送にとどまっている。●TOMIX

EF66の後継として

大出力機関車EF200は、景気後退局面で過剰性能と判断。
結果生まれたのはEF66と同等性能の機関車だった。

F級でありながらも空転が多かったEF71（上）と、並列接続でD型ながらも良好な粘着性能を誇ったEF78（下）。●いずれもKATO

東海道・山陽本線専用機

　景気が後退していく状況からEF200の必要性は薄まり、結果として老朽化の進むEF65・EF66の置き換え用としてEF66と同等性能を持つ平坦線用機関車、EF210が1996年に登場した。

　EF200とくらべれば性能は大幅に見切られ、出力は60分定格で3390kW、最高速度も110km/hと数字だけ見ればEF66よりも低い性能に落ち着いている。

　さらに粘着特性がものをいう電気機関車において2モーターを1インバーターで駆動するという、粘着に不利なシステムを採用するなどまるで「羹（あつもの）に懲りて膾（なます）を吹く」ような性能よりも経済性を前面に押し出した機関車のように見えた。

モーターのつなぎ方は重要

　かつて板谷峠の勾配を克服するためにつくられたEF71は、粘着性能を向上させるためサイリスタ位相制御を採用したが、モーターを直列につなぐ制御方式のため、システム上空転が収まりにくい欠点があった。本来交流機関車は、制御器にモーターを並列につなぐ方式が主流で、この方式なら空転をかなり抑えられる。ED78やED75は直流F型機と同等の粘着力をD型で発揮した。

　しかしEF210は決してEF200の下位互換でもなければ、EF66よりも性能が劣っているわけでもない。単機で関ヶ原を、重連で瀬野八をそれぞれ60～70km/hで越えるのに

初期型の0番台は下枠交差パンタグラフで登場。小さいECO-POWER桃太郎のロゴが運転席窓下に入る。現在、青1色に白のラインが入った新塗装化が進められている。●KATO

機器面で改良が施され1台のインバーターで1台のモーターを制御するようになった100番台。0番台と同様に新塗装化が進行中。●TOMIX

必要な出力を満たした機関車なのだ。

つまり、EF210はある意味東海道・山陽本線に特化した性能を備えているといっても過言ではないのだ。

すべてがシンプルに

EF200は将来の160km/h運転を視野に入れていたため、駆動方式に複雑なリンク式を採用していた。しかしEF210ではその必要はないため従来同様の吊り掛け式に戻った。大馬力をひねり出すために無理をする必要もな

いため、機器の配置にも余裕があり車両の重量バランスも極めて良好。

加えて短時間定格の概念を採用し、最大出力は関ヶ原を通過するのに必要な10分程度だけ出すものと割り切り、小型軽量の設計に徹している点もスマートだ。

結果あらゆる機構がEF200にくらべシンプルになり、保守面の手間も大幅に軽減された。「手間はコスト」という観点から見れば、EF210は極めて経済性の高い機関車となったのである。

当初は量産機と異なるモーターを搭載していたが、現在は量産型と同一となっている。外観上は窓の大きさやルーバー形状などが若干異なる。写真◎児山 計

試作の901号機

1996年に登場した901号機は試作要素が多く、性能面でも外観でも1号機以降との違いが多くみられる。残念ながらNゲージでの製品化はされていないが、発売されるなら手元に置きたくなる機関車だ。

EF66 100番台

国鉄が民営化した際に新型機の開発は進められていたものの、早急にEF66が必要となったため従来の技術で33両が製造された。性能面では0番台と変わらないが、外見はEF210にもつながるスタイルだ。

0番台とEF210の中間的なスマートな顔立ち。EF66 100番台●TOMIX

109号機からはパンタグラフがシングルアームに。機器面でも若干の変更がおこなわれた。●KATO

瀬野八の後補機用として登場した300番台は100番台までの車両とは塗装が大きく変わった。現在は0、100番台と共通の運用に就く。●TOMIX

走行性能を改良

半導体技術の進歩によって、高価なインバーター機器もこなれた価格になった。
それによってEF210の走行性能も改善された。

工夫を凝らした制御方式

EF210の初期車は、2つのモーターを1台のインバーターで制御する1C2M方式で登場した。電気機関車のように大きなトルクを伝えるには1モーター1インバーターの個別制御が理想であることはわかっていたが、高価な制御装置を半分にして価格を抑えるためにあえて1C2M方式としている。

しかしEF210はインバーターが制御する車輪の組み合わせを台車単位ではなくトルクのバランスを考えたものにしており、全軸にトルクがかかるよう巧みな制御を導入している。

このようにトルクを安定させ、さらにギア比は5.13と電気機関車にしては低速側に極端に振ったことで、1300tの貨物も0.5km/h/S程度の加速力で引き出すことが可能となった。

その分定格速度も59.5km/hとEF66にくらべて10km/h以上低くなったが、交流誘導モーターは直流直巻モーターにくらべ数分～10分程度ならかなり無理が効く。加速で5分間無理をしても一度速度が乗れば大きな力は必要ないので、トータルの性能ではEF66と同等の走りができる。

中身が進化した100番台

2000年以降に登場した100番台は、より使いやすく高性能を目指して投入された。

まず、インバーター制御装置がGTOからIGBTとなり、同時に1C2M制御から個別制御に改められた。これによって0番台のような面倒なトルク管理は不要となり、機器はシンプルに構成できる。

IGBTの利点はスイッチング速度の向上に

フルパワーは30分

EF210が運用される東海道・山陽本線は関ヶ原や瀬野八以外はほぼ平坦線。そのためこれらの勾配区間以外ではそれほどのパワーは不要なため、30分の短時間定格という概念を取り入れている。これはフルパワーは30分出せればいいという考え方で、それに合わせて冷却性能などは決められている。

性能を限定することで機器の簡素化、長寿命化が図れる。貨物牽引には経済性は重要な課題だ。EF210●KATO、コキ100・101●TOMIX

あり、GTOがどんなに頑張ってもせいぜい500Hz程度までしか刻めなかった周波数が750〜1000Hz程度まで刻めるようになる。これによってより細かなトルク制御が可能となり、出力が同一でも空転を起こしにくくなる。

また、搭載されたコンピューターも高性能化し、より精度の高いベクトル制御がおこなえる。これによって架線電圧の急変やトルク変動にも追随して適切なトルク計算ができるようになり、より安定した走行が可能となった。

100番台は0番台と見かけは同じでも、その実走りの質はぐっとよくなっているのだ。

EF200は大容量のGTOを使ったインバーター制御。IGBTをインバーターに採用し、低騒音化を果たしたEF210 100番台●ともにKATO

GTOとIGBT

GTOとIGBTはともに半導体の名前。GTOは鉄道車両で使うような大電流を扱える利点があるが、スイッチングの回数は500Hz程度が上限となる。一方IGBTはGTOほどの大電流は扱えないもののスイッチングの回数がGTOの倍ほどもとれる利点があり、大容量化とともに瞬く間に普及した。

EF66との違い

EF210とEF66 100番台を見ると、側面を中心に大きな違いがある。EF66形の側面に並ぶルーバーは冷却用だが、EF210では熱源となる機器が激減したためルーバーは給排気用のみ。外見からもEF210の省エネ化は見て取れるのだ。

台車 EF66
EF210

屋根

EF66はボルスタアンカを軸箱と並行に置き、リンクでさらに下方に伝達する構造。EF210は台車内部の牽引装置を車軸より下げている。いずれも軸重移動を抑えるためのデザインだ。

側面から吸排気するEF66の屋根は意外とシンプル。一方EF210形は冷却ダクトが目立つ。いずれの形式も機器を取り出すために屋根は取り外し可能な構造となっている。EF210●KATO、EF66●TOMIX

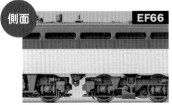

側面 EF66

EF210

EF66は通風用のルーバーが全長にわたって開いている。EF210は機関室内の機器配置を見直し、前後対称のZ型通路としたため、ルーバーは向かって右側に集中している。EF210●KATO、EF66●TOMIX

これからの機関車

EF210が登場して25年以上が経過。初期の車両はシステム的にも経年劣化が懸念される。
新形式の投入はあるのだろうか。

当分はEF210形の天下?

EF210が登場したのは1996年。すでに製造から25年以上が経過しているが、現在も300番台を中心に製造が続いている。

ファン的には新形式の登場を期待してしまうが、EF210は現在の東海道・山陽本線の輸送事情にベストフィットといってもいいくらいのマッチングを見せている。

そのため、よほど景気が好転して、たとえば1600t級の貨物列車を大増発しなくてはならないといった事態が起きない限り、EF210の天下は揺るぎそうもない。

それ以前に車種が少ないということは予備車両の融通も効きやすいなど運用上もたいへん有利で、むしろJR貨物としてはこれ以上車種を増やしたくないし、EF210に代わる新形式よりもEF64・EF65・EF66を淘汰するために、EH200やEF210を増備したいというのが本音だろう。

EF210は増え続ける?

EF210は2023年3月現在で146両が製造され、今後も増備が進むとみられる。初期型19両は制御方式が100番台と異なるだけでなく、各種部品が製造終了となると故障の際に対応が不可能になるので機器更新や同型式の置き換えで対応すると思われる。

そして新造車両もSiCパワーモジュールやPMSMなど新しい機器を採用するも、外見は現行のままつくり続けられる可能性は高い。「問題のないところはいじらない」のはエンジニアリングの基本である。

新型車両が登場しないのは鉄道ファンにとってはやや寂しい未来かもしれないが、EF210はそれだけ完成度の高い機関車なのだ。

300番台登場

瀬野八用EF67の置き換えで登場したのが300番台で、連結器まわり以外の仕様は100番台とほとんど変わらない。現在は瀬野八区間に限定されず、ほかのEF210と共通の運用につく。また2023年2

通常の貨物牽引機としても、後補機としても使用される。
●TOMIX

月の梅田貨物線の地下化による23.5‰の勾配登場で後補機としての運用機会が増えた。

桃太郎の意味

EF210形が最初に配属された機関区が岡山機関区なので、桃太郎のロゴが入った。現在、塗装変更に合わせて桃太郎とその家

桃太郎のロゴは岡山機関区配置ではじまったEF210の歴史を語る。

来たちのラッピングがロゴ横に施されるようになった。

塗装の変化　初期塗装からJRFのロゴが省かれ、その後0・100番台も300番台に似たカラーリングになり、桃太郎のキャラクターがラッピングされたバージョンも登場した。

左から100番台JRFマークなし、100番台新塗装、300番台桃太郎ラッピング●すべてTOMIX

EF510

直流1500V・交流2万V50Hz・60Hzのいずれの区間でも走れる、
いわゆる「三電源対応」の電気機関車。
EF81の後継機として登場し、日本海縦貫線の貨物輸送を中心に活躍し、
かつては東京〜北海道間の寝台特急を牽引した。

EF510

JR世代の
交直流電気機関車

老朽化が進む国鉄型電気機関車の置き換え用としてデビュー。
量産車からは赤い車体に「RED THUNDER」の愛称が描かれた。

EF81の後継機として

　日本海側を経由して大阪〜青森間を結ぶ日本海縦貫線。東海道本線、湖西線、北陸本線（えちごトキめき鉄道日本海ひすいライン、あいの風とやま鉄道、IRいしかわ鉄道の第3セクター線含む）、信越本線、奥羽本線と複数の路線を通るため、区間によって電化方式が違っている。

　この区間を走り通すためには直流1500V、交流20000V60Hz、交流20000V50Hzの3つの電化方式に対応する車両が必要となる。そこで登場したのが485系や583系、そして

電気機関車はEF81だ。

　1968年に登場したEF81は3電源に対応する万能機関車として客車、貨物の両方を牽引し活躍していたが、JRが発足してしばらくすると置き換えるための新型機関車の登場が期待されるようになった。

　そこで2001年に登場し、その後も増備されたのがEF510だ。

VVVF制御の交直両用機

　JR貨物は1990年にEF500を製造し、6000kWの出力を持つ交直両用の機関車として試験運用をはじめたが、技術上の問題

MODEL COLLECTION 1
量産先行機

量産先行機の1号機をモデル化。この機関車にロゴが入っていなかったのは、まだ愛称を募集中で決定していなかったため。●マイクロエース

2005年11月に量産機とともに製品化された、量産先行機の1号機。ガイシは白色で表現された。●TOMIX

「RED-THUNDER」のロゴがなく、白帯が太いのが特徴の量産先行車（1号機）のモデル。屋根上のガイシは緑色。●KATO

や使用する線区での輸送量などを考慮して量産には至らなかった。これは直流用のハイパワー機関車として製造されたが量産されなかったEF200と同じような理由である。

走行機器などの設計については先行して直流区間に投入されていたEF210をもととして、IBGT制御素子を用いるVVVFインバーター制御を採用。外観デザインは先行して開発されたEF500に則ったものとなっている。

日本海縦貫線など海沿いの雪の多い路線を走ることを考慮して、機器類はなるべく機関車内に搭載するなどの耐寒・耐雪構造を採用し、屋根上の碍子には煙害や絶縁劣化防止のために緑色の絶縁材が塗られている。

EF81の後継機となる汎用性の高い交直両用電気機関車として、2003年から量産が開始され富山機関区に配属された。

三電源対応で重宝された EF81

交直両用機として共通点が多いEF81とEF510だが、EF81には客車牽引時のための電気暖房装置を搭載している。EF510は客車牽引を想定していないため電気暖房装置は非搭載。これは時代の移り変わりによるものといえるだろう。

EF81 0番台 一般色●KATO

JR化後に新製された EF81

貨物輸送量の増加に対応するため、JR貨物が1989年に3両新製したのが500番台。登場から20年以上経ってからの新製は、EF81が優れた機関車であったことの証だ。

EF81 500番台●KATO

手前からEF210 0番台、100番台、100番台シングルアームパンタグラフ●すべてTOMIX

基本設計は EF210と同じ

直流型電気機関車のスタンダードであるEF210。この機関車の設計を踏襲し、交直両用とすることでEF510は1号機から安定した性能を発揮することが可能となった。

顔つきの違い

量産先行機（右）と量産機（左）では、若干顔つきに違いがある。それは、車体裾の帯幅と解放テコの形状の違いからくるものだ。

2種類の顔がある基本番台。見分けるのは意外と簡単だ。●KATO

日本海縦貫線で
本領発揮

量産されたEF510は当初の目論見通り日本海縦貫線の貨物列車牽引で活躍をはじめた。
3電源対応の特性を遺憾なく発揮して貨物輸送の需要に応えた。

愛称はレッドサンダー

　需要に見合った貨物列車を牽引するための性能として、EF510の定格出力は3390kW。これは平坦線で1300tのコンテナ列車を牽引する直流機のEF210とまったく同じとなっている。台車もEF210と同様に軸梁式ボルスタレス台車を採用した。実績のあるEF210と設計を共用することで、EF510は試作機を製造せず先行量産機で試験のあと量産体制に入っている。

　新鶴見機関区に配置され試験された1号

機はその後富山機関区に移り、2003年から量産がはじまった2号機以降の機関車とともに運用に就いた。

　量産機には1号機での試験結果が設計に反映されたが、外観としては車体裾にある白帯が細くなり、側面に「RED THUNDER」のロゴマークが入った程度となっている。

　ちなみに愛称は公募により「ECO-POWERレッドサンダー」と決まった（EF210は「ECO-POWER桃太郎」）。

貨物輸送のエースとして

　運用開始当初は、大阪貨物ターミナル〜新潟貨物ターミナル間の運用に充当されたが、徐々に運用範囲を拡大し、吹田貨物ターミナル、百済貨物ターミナル〜八戸貨物駅間のほか、現在では岡山貨物ターミナルや名古屋貨物ターミナルにも足を伸ばす。

　日本海縦貫線の貨物列車牽引を担うという役割は量産機の増備とともに大きくなり、2016年3月のダイヤ改正で富山機関区のEF81の定期運用が終了した。これをもってEF510は日本海縦貫線の貨物輸送を一手に担うエースとなったのである。

COLUMN

機関車に付けられた「愛称」

　JR貨物はCO2排出量など、環境保護に対する鉄道の優位性を示すため、新型機関車に「ECO-POWER」を冠した愛称を付けている。例えば、EH500はその力強さから「ECO-POWER金太郎」といった具合だ。

EF510の車体側面には「ECO-POWER RED THUNDER」のロゴが入る。

MODEL COLLECTION 2
量産機

量産第1号機となった2号機をモデル化。「RED-THUNDER」のロゴは車体に印刷済みとなっている。●マイクロエース

2号機以降の量産機をプロトタイプとした製品。1号機とは異なっている雨樋、手すりの長さ、標記類の位置なども再現している。●TOMIX

日本海縦貫線でもっとも広く見られる基本番代の量産車（2号機〜）を製品化したもの。車体裾の細い白帯や「RED-THUNDER」のロゴなどが再現されている。●KATO

ディテールを見る

EF81の後継として製造されたEF510であるが、車両の形状はJR貨物の新世代機らしいものになっている。

シングルアーム式のパンタグラフ（FPS5形）は、進行方向に向かって「く」の字形に昇降する。

台車は両端がFD7N形、中間がFD8A形となる。これはEF210と同じである。

寒冷対策と塩害対策のため断路器や遮断器を室内に配置したため、交直流機であるがすっきりとした屋根上になっている。

旅客列車牽引にも抜擢

JR東日本で『北斗星』や『カシオペア』を牽引していたEF81も老朽化。
変わりの機関車として導入されたのがFE510 500番台だった。

列車に合わせたカラーで登場

『北斗星』『カシオペア』といった人気夜行列車のほか、ジョイフルトレインやイベント列車の牽引でも活躍したEF81だが、さすがに古さは隠せなくなっていた。しかし、JR東日本が自ら機関車を開発して新製するほどの出番があるわけではない。

そこで白羽の矢が立ったのがEF510だった。もともとJR貨物がEF81を置き換えるために用意した機関車であるため、性能などに不足はない。首都圏の直流区間だけでなく、東北本線黒磯以降や常磐線藤代以降の交流区間も走れる交直両用機はうってつけだった。

2009年にJR東日本が導入したEF510は500番台を名乗る。外観はJR貨物機とほとんど変わらないが、『北斗星』に合わせたブルーの塗色（13両）と『カシオペア』に合わせた銀色の塗色（2両）の2タイプが用意された。性能も同じだが保安装置がATS-P・ATS-Psとなり、デジタル式車上無線機や黒磯駅のデッドセクションを無停車で通過できるよう自動列車選別装置、客車推進回送用ブレーキを搭載した。

2010年6月から運用がはじまり、人気列車の先頭に立ってその存在感を誇示した。

短かった活躍期間

夜行列車とイベント列車牽引がメインだった500番台には、常磐線で貨物列車を牽くという役割もあった。これは、JR貨物がJR東日本に運行を委託していたもので、当初はEF81が牽引を担当していたが、ここにもEF510は進出した。

MODEL COLLECTION ③
北斗星色

青に流れ星をあしらった塗装。24系やE26系だけでなくコンテナ列車と組み合わせることもできる。●KATO

『北斗星』の印刷済みヘッドマークも付属。貨物列車牽引でも使用できる。●TOMIX

アンテナや信号煙管、スカートなど、基本番代との細かな違いも再現している。●マイクロエース

カシオペア色

銀色に『カシオペア』を表す5色のラインをあしらった専用色の509・510号機。24系やコンテナ列車を牽引した実績もある。●KATO

実車の運用に合わせて『北斗星』と『カシオペア』の両方のヘッドマークが付属している。●TOMIX

　華やかな夜行列車だけでなく貨物列車も牽引することで、500番台はその実力を余すところなく発揮した。このような状況が長く続くかと思われたが…。

　2011年3月の東日本大震災で常磐線が被害を受け貨物輸送が減少。2013年3月でJR貨物からの受託輸送がなくなった。

　また、航空機全盛の時代となっても、北海道への旅行手段として一定の需要があった『北斗星』だったが、車両の老朽化や北海道新幹線開業準備の理由もあり2015年に運行を終了。『カシオペア』も車両はまだ使えた

が、2016年に運行を終了した。

　こうして導入から5年ほどで500番台の出る幕がほとんどなくなってしまった。

EF81からEF510への継承

　先代の『カシオペア』『北斗星』牽引機であったEF81にも専用色の機関車が存在した。「カシオペア色」は同様の銀色基調であったが「北斗星色」は赤に流れ星。青色の交直流両用機はEF510形500番代がはじめてだ。

上からEF81 0番台北斗星色、カシオペア色●ともにTOMIX

500番台の特徴

　500番台には基本番台との相違点がいくつかある。外観上でわかる部分をピックアップしてみよう。

屋根上には列車無線アンテナと信号炎管が取り付けられている。

保安装置にATS-PとATS-Psが追加されている。

側面には星のマークが描かれ、『カシオペア』『北斗星』牽引機であることをアピール。

500番台の運用

　EF510形の2種類の寝台特急専用色機は、運用が厳密に分けられているわけではない。「カシオペア色」の機関車が『北斗星』を牽引したり、「北斗星色」が『カシオペア』を牽引することも、ふつうにおこなわれていた。

『カシオペア』と『北斗星』のカラーに合わせられた車体だが、牽引する列車は限定されていなかった。

貨物牽引機として広がる運用

日本海縦貫線をメインの活躍の場としながらも乗り入れる範囲を広げ、
九州地区にも導入がはじまった。元JR東日本の
500番台も加えたラインナップで貨物輸送の一翼を担う。

新番台が九州地区に登場

　3種類の電化区間を通しで走りきれることが特徴のEF510だが、近年はその活躍範囲を広げ、2015年には岡山地区、2017年には中京地区への乗り入れもはじまった。2022年には中央西線の多治見まで乗り入れるなど、直流区間のみでの運用も増えている。

　JR東日本で行き場を失った500番台は2013〜16年にかけて順次JR貨物に売却され、全機が富山機関区に移籍している。これらの車両は流れ星の模様は消されたものの、青と銀色のカラーリングはそのまま、保安装置の変更や一部機器の撤去、変更などがなされたうえで貨物輸送に従事している。

　ED76やEF81が残存する九州地区では、これらの置き換え用として300番台が導入されることになっている。2021年末に量産先行車が登場し、2023年3月から本格的な運用に入った。2025年度までに、量産先行車を含め17両を配置する予定だ。

　これからますますEF510が貨物列車を牽引する姿を見る機会が増えていくことだろう。

JR貨物の500番台

側面の流れ星がなくなりすっきりした印象の元『北斗星』色。●TOMIX

　赤い車体が目印のEF510だが、JR東日本から移ってきた500番台は元のカラーを維持しているため旅客列車牽引時代の姿が思い浮かぶ。

最新の300番台

銀色のボディの下部に赤と紺色が入るカラーリング。●TOMIX

　九州島内で使用するために用意された番台。交流区間での使用がメインとなるため、発電ブレーキではなく交流回生ブレーキを搭載する（量産先行車は発電ブレーキも搭載）。

量産先行機は「RED THUNDER」のロゴマークが入っておらず裾にある白帯が太い。●KATO

E26系『カシオペア』に合わせた銀色のカシオペア色500番台。●KATO

同じ500番台でも青色をまとった『北斗星』色。●TOMIX

2車体連結 H級（8軸駆動）電気機関車

国鉄・JRで活躍する（した）主電動機軸8軸を使用したH級機である、EH10・EH500・EH200。
強大な力を持ち、パワフルな輸送力を誇るマンモス機関車だ。

EH10

1954年登場のマンモス電機EH10は、当時最新だったEF15の約1.5倍の出力を誇る。それ以上に画期的だったのは、台車枠を通じて牽引力を伝える旧型電機の構造から、電車と同様のボギー構造にして、車体の台枠を通じて動力を伝達させる方式に改められたことだ。

黒くて大きなボディが独特だったEH10。模型でも迫力満点。コンテナ特急『たから号』では、持てる性能を存分に発揮した。EH10＋コキ5000『たから号』●ともにKATO

特急貨物のスター

当初は1200t貨車の単機牽引を目的につくられた。1～4号機は試作機で、パンタグラフが中央に寄せられていた。●マイクロエース

旅客牽引も試されたEH10

貨物列車を目的に高出力化されたEH10は、その性能を旅客列車の牽引に使う検討がなされ、主電動機の高速回転化、歯車比の変更などを施して高速試験がおこなわれた。

東京～大阪間を6時間半で結ぶため、試験に供されたEH10 15号機。塗装も明るい茶色となった。●マイクロエース

挑戦する試験塗装機

蒸機全盛期、電化後はカラフルにできると考え、EF58にブルーやグリーンの試験塗装を実施。青大将色や特急色のもととなった。

一方、次世代特急の検討に、EH10 15号機のモーター出力を強化し歯車比を高速化。1955年の高速試験では好成績をおさめ、客車特急用のEH50構想が練られた。しかし、小田急3000形SE車と101系電車の成功で電車方式を選択。151系となって結実した。

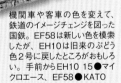

機関車や客車の色を変えて、鉄道のイメージチェンジを図った国鉄。EF58は新しい色を模索したが、EH10は旧来のぶどう色2号に戻したところがおもしろい。手前からEH10 15●マイクロエース、EF58●KATO

EH500

関東〜北海道間を結ぶ貨物列車は、EF65、ED75重連、ED79重連と5両の機関車を使用した。これを1両の機関車でまかなおうと1997年に登場したのが、EH10以来45年ぶりとなる8軸機のEH500で『エコパワー・金太郎』の愛称を持つ。

東北本線に存在する25‰勾配や、青函トンネル内の連続12‰勾配区間にも対応。増備が進むにつれて活躍の場を関門トンネルにも広げ、急勾配線区以外ならどこでもOKという、オールマイティな電気機関車となった。

首都圏〜五稜郭（函館）をスルー運転するために開発されたEH500。連続勾配対策や第3セクターの関係から、EH10以来のH級となった。●TOMIX

顔が違うEH500

『ECO-POWER金太郎』の愛称を持つEH500は、製造時期によって前面のデザインが異なる。

1次型（1・2号機）

試作機の901号機があるが、1次型は量産型というより、まだ量産先行車的な位置づけだ。前照灯は腰板部分に設置。塗色は赤2号となり、明るい色の試作機にくらべて落ち着いた印象になった。●TOMIX

2次型（3〜9号機）

着雪防止のため、腰板の前照灯をやや上の白帯部分に移設している。側面は変わらないが、前面の印象は大きく異なる。3号機登場時にはじめて金太郎のロゴマークが貼り付けられ、1次型にも広がった。●TOMIX

3次型（10号機〜）

3次型では塗色が試作機のような明るく鮮やかな赤となり、前面の黒帯がなくなり、白帯も左右が短くなるなど変化した。10〜14号機は2次型の塗色変更で、15号機以降が模型化されているタイプだ。●TOMIX

EH200

中央本線や上越線のような急勾配区間で、EF64重連を単機牽引に置き換えるために開発されたのがEH200だ。出力を絞っていたEH500とは違って、フル出力となっている。愛称は「エコパワー・ブルーサンダー」。

勾配線区用直流電機

碓氷峠や板谷峠のような急勾配でなくても、日本には登坂性能の高い車両を求める路線がいくつもある。そのため、勾配に強く汎用性もある機関車が多数開発された。

2車体連結型の勾配線区用で出力4520kW。外観は車体前面が25度傾斜した直線基調のデザイン。●KATO

中央・篠ノ井線のEF64の置き換え用に登場。重連運用が多い路線のため、H級にして単機でまかなう。上越線にも運用を拡大した。●KATO

ディーゼル
機関車編

ローカル線での客貨混合列車牽引は
ディーゼル機関車ならではの仕事。

DF50

国鉄ディーゼル機関車としては異端の部類に入るDF50。
技術開発の途上にあったものの、北海道を除く各地で
ブルートレインから貨物列車まで幅広く牽引した。

DF50 2

DF50

日本初の
幹線用ディーゼル機関車

ディーゼル機関車の開発は戦時中にストップし、戦後実質的にゼロからのスタートとなった。
国鉄とメーカーは、海外の技術も採り入れながら、動力近代化を目指した。

亜幹線用のDL

　第2次世界大戦後、国鉄は動力近代化すなわち蒸気機関車の淘汰を進めていく。その手段として、まず考えられたのは電化だが、地上設備を含め多額の投資を必要とするため、当面は東海道・山陽本線などの主要幹線に限られる。それ以外の路線にはディーゼル車両を導入すべく、技術開発に全力が投入された。

　そのうちディーゼル機関車には、営業路線で列車を牽引する、いわゆる「本線機」と、構内入れ換え用の「入換機」の2つのラインナップが求められた。

　入換機は比較的小出力でよいので、気動車で先行して普及しはじめていた液体式で、エンジンを含め国産技術で開発する目途が立った。問題は本線機で、大出力のエンジンとそれに対応した液体変速機のいずれもが、高いハードルとなった。

　そこで考えられた策は、エンジンについては実績のある海外技術を導入し、動力伝達は液体式より開発が容易な電気式にする、というものだった。

　電気式とは、ディーゼルエンジンで発電機をまわし、それで得られた電気で主電動機を駆動して走るというもの。電気機関車の車体にコンパクトな発電所を搭載した、というイメージだ。投入する線区は、電化が後まわしとなる亜幹線をターゲットとした。

製造時で異なる顔

　DF50の前面には貫通ドアがあるが、これは総括制御による重連運転に備えたもの。試作の1～6号機と量産先行の7号機は、前面窓が大きいのが特徴だ。

　量産機（8号機以降と500番台）は前面窓が小さくなり、屋根のカーブの形状も変化している。どちらのタイプの前面も四国に配置されたものは、踏切事故での乗務員の安全確保のため、補強帯が追加したものが多かった。

試作機（右）は、大きい前面窓や丸みのある屋根など、量産車（左）と印象が大きく異なる。右からDF50 2、DF50 60 ●ともにマイクロエース

海外メーカーとの提携で実現

戦後のディーゼル機関車開発では、国鉄と各車両メーカーそれぞれが、さまざまな形で研究を進めていた。その中で、はじめて本線機として実用化に至ったのがDD50で、1953年に登場した。

エンジンはスイスのスルザー社との技術提携で三菱重工が製造（ライセンス生産）したもので、出力は900馬力。発電機や主電動機など、電気系は国産品を使用している。1両でも運転可能だが、出力が十分でないので、通常は重連で運用した。

また、客車暖房用の蒸気発生装置（SG）を持たないので、冬季の旅客列車牽引の際には暖房車の連結が必要だった。

DD50の製造数はわずか6両で、試作的要素が強かったが、これを足がかりに本格的な量産機の開発が進む。その際、通常は重連を必要としない程度の出力を持たせる一方、軸重を抑えて入線できる路線を拡大し、SGを搭載して利便性の向上などが考慮された。

こうして新たに設計されたのがDF50で、1957年3月にデビューを飾った。やはり電気式で、エンジンはDD50と同じスルザー社との提携によるものだが、チューニングを施して出力を1060馬力に向上させている。

また、形式呼称でわかるように、6軸の動輪を持つ。軸数の増加には牽引力増強に加え、線路にかかる重量を分散させる効果もあるのだ。

DF50 SERIES PROFILE 1

DF50 初期型
製造初年：1957年／台車：DT102・DT103／機関：Sulzer8 LDA25A

0番台1～7号機は前面の窓が大きく、ヘッドライトの位置や屋根端部の形状も8号機以降と異なるほか、3基の台車の位置が等間隔というのも特徴。本形式の当初の塗装は、ぶどう色に白帯というシックなカラーだった。幅広のスノープラウは初期からのもので、晩年は山陰地区で見られた。●マイクロエース

DF50 0番台（量産車）
製造初年：1957年／台車：DT102・DT103／機関：Sulzer8 LDA25A

0番台の8号機以降と500番台全機は量産機で、前面の窓が小さくなるとイメージがかなり変わった。また、重量バランス改善のため、中間台車が車体中央より1エンド側に寄っている。側面のエアフィルターカバーが「田」の字状で、屋根上の煙道（排気管）が長いのが製造時オリジナルの形状。●KATO（メイクアップパーツ装着）

側面の大きなルーバーは？

DF50の車体側面、第2エンド側にある大きな長方形のルーバーが目立つ。この部分はエンジンを冷却するラジエーターで、内部は冷却ファンに向けて風道になっている。

なお、これとは別に側面に並ぶ小さなルーバーは、機械室の通風用のものだ。

屋根の冷却ファンが回転すると、側面から取り込まれた空気はラジエーターを冷却して、屋上から廃熱される。

DF50のもっとも大きな活躍は、ブルートレイン『富士』の牽引だろう。赤い車体にブルーの客車のコントラストは、末端区間とはいえカッコよかった。お椀型ヘッドマークも九州らしい。DF50＋20系●ともにKATO

平成に甦った電気式DL

1992年にJR貨物に登場したDF200は、国鉄とJRを通じて久しぶりのディーゼル機関車の新形式となった。この機関車は箱型車体、電気式、車軸配置B-B-Bという基本構成を見ると、まるでDF50の生まれ変わりのように思えてしまう。

しかし、エンジンはドイツMTU社製を2基搭載し、VVVFインバーター制御を採用するなど、技術的にはまったく別の革新的な内容となっている。

北海道地区で活躍するDF200。0番台はMTU製エンジンだが、50番台と100番台は国産のコマツ製エンジンを搭載する。DF200 50番台●KATO

0番台と500番台の
2バージョンで増備

当初はスイスの技術を採り入れたエンジンを搭載したDF50だったが、
後にドイツのメーカーとの提携によるエンジンも採用された。

ドイツ・マン社との提携による
エンジンも搭載

　DF50の車体は箱型で、前後に運転台を持つ。DD50より出力アップしたため、平坦線では単独での運用が基本となるが、勾配区間などでの重連運用も考慮し、総括制御機能も備える。

　6軸の動輪は2軸ずつボギー台車に組み込まれ、車輪配置はB-B-B。中間の台車は左右に動く構造で、カーブにおける線路への負担を軽減している。EF65などの電気機関車でおなじみの車軸配置B-B-Bは、じつはDF50が元祖で、広い普及が優秀さの証しといえる。

　最初の製造ロットである6両（1〜6号機）は試作機で、前面窓が後の量産機より大きく、落成時には重連総括機能とSGを持っていなかったが、後に追加された。

　続いて落成した7号機は量産先行という位置づけで、外観は試作機と同等ながら、重連総括装置とSGを当初より搭載。そして、8号機からが量産機となり、前面窓が小型化されるなど外観イメージも変化している。

　こうしてディーゼル本線機初の量産が軌道に乗るまでの間、三菱とスルザー社との技術提携とは別に、川崎重工と日立がドイツのマン社と提携し、それぞれディーゼルエンジンの技術を確立していた。

　そこで、マン社との提携によるエンジンもDF50に搭載され、1958年に製造を開始。このグループの出力はより強力な1200馬力

試作機だけに、外観も特徴的なDF90とDF91。DF91がDF40として落成した時は、水色の塗色だった。手前からDF90、DF91 ●ともにマイクロエース

メーカー独自の試作機

　戦後のディーゼル機関車開発に際し、メーカーが独自に製造した試作機も、さまざまなものが存在した。そのなかで1955年川崎製のDF91（落成時はDF40だったものを後に改称）は、マン社との提携による出力1200馬力のエンジンを搭載した電気式だ。

　また、日立でもマン社と提携し、出力1680馬力のエンジンを搭載した電気式のDF90を1956年に製造した。こうして川崎と日立はマン社との提携の技術を確立し、DF50 500番台の製造につながった。

もうひとつの箱型車体のDL、DD54

　国鉄のディーゼル本線機はDD51が本命となり、支線および入換用のDE10の系列との2ライン体制となった。

　しかし、DD51のように2基エンジン付きでは製造コストやメンテナンスで不利なので、エンジン1基とし、製造コストとメンテナンスの軽減をはかった機関車が開発された。それが1966年に登場したDD54だ。液体式で、ドイツのメーカーとの提携によるエンジンと変速機を採用した。

液体変速機を中心に故障が多発したが、海外メーカーのライセンス生産のため、対応の遅れが問題だった。40両が製造されたが、1979年までに全機が運用を離れ、DD51に置き換えられた。DD54 ●KATO

で、500番台と区分されているが、外観は0番台と同等だ。

未電化区間で八面六臂の活躍

0番台と500番台の2本立てとなったDF50、前者は1962年までに65両、後者は1963年までに73両が製造された。

前述のように、エンジンは0番台が三菱（スルザー社との提携）、500番台が川崎と日立（マン社との提携）が製造したが、車体はロットにより三菱、汽車、川崎、日立、東芝が製造するなど、メーカーの分担は複雑になっている。

なお、500番台は全機が量産機で、前面窓が大きいものはない。ちなみに、両番台でエンジンの音が大きく異なり、0番台は「ボン・ボン・ボン・ボン…」と間欠的で、500番台は「ドドドドド…」と連続的なので、遠くから聞いても簡単に区別できた。

塗色は当初茶色＋白帯だったが、増備終盤のものは、オレンジとグレーのツートーンに白帯を配した国鉄ディーゼル機標準色とな

り、後に全機がこのカラーに塗り替えられた。

総勢138両のDF50は、奥羽本線、中央本線、北陸本線、関西本線、紀勢本線、山陰本線、四国（予讃・土讃本線）、日豊本線などに投入され、蒸機を置き換えていった。

また、500番台の登場後には0番台とのすみ分けがおこなわれ、奥羽本線、山陰本線、日豊本線が500番台、四国は両番台の併用、それ以外は0番台と、配置が整理された。

DF50 SERIES PROFILE 2

DF50 500番台 （九州仕様）
製造初年：1958年／台車：DT102・DT103／
機関：MANV6V22/30mA

500番台はエンジンのメーカーも出力も0番台と異なるが、外観はほぼ同等だ。塗色は製造末期に新たに制定された標準色に改められ、ぶどう色塗色機も同様に塗り替えられた。九州では日豊本線を中心に活躍し、ヘッドマーク装着に備え、前面ドア脇の手すりの形状が扁平になっていた。●マイクロエース

客貨運用で
亜幹線の輸送を牽引

動力近代化に足跡を残したDF50は、登場からわずか26年を経て引退する。
性能面で決して満点とはいえなかったが、亜幹線であらゆる運用をこなし、頼もしい存在だった。
その後のディーゼル機関車と異なるフォルムは、最後まで根強い人気を誇った。

お召列車やブルートレインの
牽引にも抜擢

DF50の開発の狙いは、低・中速運転で

はD51並み、高速運転ではC57並みの性能というもの。SGも備えるため、旅客および貨物のさまざまな列車を牽引できる実力を備えていた。

DF50 SERIES PROFILE 3

DF50 （四国仕様）
製造初年：1957年／台車：DT102・DT103／機関：Sulzer8
LDA25A（0番台）、MANV6V22/30mA（500番台）
四国では踏切事故対策で、前面に補強帯を貼り付けたものが
多かった。また、側面空気取入口は、通風部分が3列のプレ
スタイプに交換された例は、晩年に地域を問わず見られた。中
間台車はカーブに対応し左右に動く構造のため、前後の台車
と枕バネの形状が異なる。●KATO

DF50 （晩年）
製造初年：1957年／台車：DT102・DT103／機関：Sulzer8
LDA25A（0番台）、MANV6V22/30mA（500番台）
屋根上の煙道が短くなっているのも、晩年のDF50の外観の
ポイント。側面空気取入口はプレスタイプに交換されたものほ
か、写真のようにルーバーを撤去してフィルターを露出させた例
も、紀勢本線を中心に見られた。幅の狭いスノープラウは四国
で使われたタイプ。●KATO（メイクアップパーツ装着）

はじめのうちは、多くの線区で蒸機の全数を置き換えるだけの両数が配置されず、旅客の優等列車を主体に使用されるケースが多かった。乗客を蒸機の煤煙から解放し、サービス向上をはかるためだ。

機関車にとって運用の華であるブルートレインは、日豊本線で『富士』『彗星』を牽引したほか、1975年からは紀勢本線で『紀伊』も牽引した実績を持つ。

このようにオールマイティな活躍をしたため、20系、12系、14系、50系、各種旧型客車、そして各種貨車と、当時の国鉄の客貨車の大部分の車種の先頭に立って活躍した。

特殊な運用の例として、お召列車を牽引する栄誉も担った。その中で、1971年の和歌山国体の際のお召機となった8号機と26号機は、車体の帯がステンレスで磨き出され、美しい姿となった。

西日本、そして四国で終えた生涯

1962年に登場した液体式のDD51が、ディーゼル本線機の本命として大量に投入される。

そして、DF50の運用をDD51に置き換えるケースも生じ、さらに亜幹線の電化も進み、勢力図が塗り替えられていった。

1970年代になると、DF50の使用線区は紀勢本線、山陰本線、福知山線、四国、日豊本線（1974年以降は吉都線でも使用）などとなり、東日本からは姿を消した。

1977年頃からは廃車が本格的に進み、1980年には四国を残すのみとなる。そして、最終的には1983年9月をもって、すべて運用を離脱。こうしてDF50は過去のものとなったのだが、晩年の注目度はなかなかのもので、沿線で多くの人が勇姿を目に焼き付けた。

入換機の延長のようなスタイルのDD51と違い、本線機にふさわしいスタイルの箱型車体も、人気の要因だったようだ。鮮やかなオレンジの車体は、日本の風景に実によくマッチしていた。

COLUMN

力の競演、重連運転

四国の貨物列車でよく見られた光景。DF50は出力が低く、ギアも低速寄りに設定されたため、速度を思うように出せないことから重連運転となった。

峠越えの重連が「力の象徴」なら、機関車の性能が要因の重連は「非力の象徴」というべきかもしれない。

DF50 ●KATO

DD51

客車列車と貨物列車の両方を、
幹線、ローカル線を問わず牽引してきたDD51。
万能選手ともいえるディーゼル機関車誕生の
意味と現在置かれた状況を探る。

DD51

煙の出ないD51

1959年に答申された動力近代化計画に則って、
非電化区間で使われるディーゼル機関車に求められたのは万能性だった。
DD51はその期待に応えるべくギリギリのデザインがなされている。

万能機関車はつくれるか

1959年、国鉄は動力近代化計画を答申。この計画では1975年度までにすべての蒸気機関車を廃止することが盛り込まれた。そのため電化区間を1959年当時の2237kmから5000kmまで伸長。非電化区間はディーゼル列車による運転とすることを決定した。

非電化幹線で要求される性能は約1000tの貨物列車を牽引、かつ500t程度の旅客列車を95km/hで牽引できる能力。さらにローカル線の入線が可能な軽量車、つまるところD51の代わりを務められる経済性に優れた機関車が求められ製造された。これがDD51だ。

なぜD51がベンチマークなのか

D51は貨物用の標準機関車としてほぼ全国で活躍しており、列車の性能算定もD51の性能を考慮して作成されていた。これらの列車を代替するのがDD51の役目なので、少なくともD51と同等以上の性能が必要だったのだ。

DD51にはD51のように1000tの貨物列車を65km/h程度で、また500t程度の旅客列車を85km/hで牽引できる性能が求められた。●KATO

凸型の理由

DD51は本線用の機関車にもかかわらず、凸型の車体となっている。これは線路規格の低い丙線にも入線できるよう、車両をできるだけ軽くするため。また、両側の台車を駆動することを考えると、運転台は中央に、エンジンは台車の近くに配置するのが合理的だったというのも理由だ。エンジンは1100psのV12エンジン、DML61Zを2基搭載。2エンジン搭載は保守面では不利になるが当時は2000馬力級のエンジンがなかったのでこのようになった。動力伝達は液体式で、これも軽量化を目的に採用された。

こうしてDD51の試作1号機が1962年に登場した。

液体式と電気式

当時の試作ディーゼル機関車の機構として液体式と電気式が選ばれた。電気式は機構はシンプルだが重く高価になる、液体式はトルクが素直に出るが大馬力化が難しいなど、それぞれに得手不得手がある。

DD51登場前につくられた電気式のDF50。電気式は価格面でもDD51にくらべ不利だった。●TOMIX

最初に製造された1号機はひさしがないなど外見上も大きな違いがある。●マイクロエース

1次型標準色。試作車とは外見が大きく変わり、性能面でも1号機をベースに改良が施された。●マイクロエース

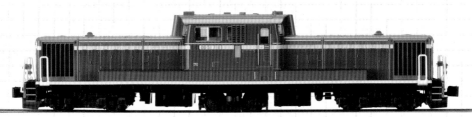

500番台は重連に対応した車両。制御方式で半重連型と全重連型の2種類がある。
JRに承継されたのはすべて全重連型だ。●KATO

JR貨物に承継されたDD51は塗装変更やエンジン換装といった更新工事がおこなわれた。●TOMIX

JR北海道のDD51は『北斗星』に合わせた塗装をまとった。●KATO

非電化幹線用
ディーゼル機関車の主役

DD51は整備面では課題があった。
しかし後継機はいずれも頓挫し、DD51が事実上の標準機として君臨する。

世情がDD51に味方

　DD51は2エンジンという不利はあれど、2エンジンに分散したがゆえに伝達装置の負担は小さく、性能は安定していた。さらに計画のみで終わったものの、より保守整備が容易なエンジンに換装することで保守コストを圧縮できるめどが立った。

　こうなるといたずらに新形式を増やすよりも、幹線用大型機はDD51のみに絞って標準化を図ったほうがトータルでの利益は大きくなると判断された。おりしもオイルショックによって石油価格が高騰し、ある程度輸送需要のある非電化幹線は電化する方針に切り替わり新系列の機関車を製造する理由が消えたのもDD51にとっては追い風となった。

　これによって「結果的」な面もあるが、DD51は非電化幹線用ディーゼル機関車としての地位をゆるぎないものとした。

1エンジン化を
試みたが…

　DE50は2000馬力のエンジンを1基搭載したディーゼル機関車。熱対策を万全に施したことでDD51に匹敵するパワーを獲得したが、石油危機による原油価格高騰など世情の変化により量産には至らなかった。

1両のみが製造され伯備線などで運用されたDE50形。●ワールド工芸

高速重量貨物の牽引に重連で対応することもあった。DD51、ワラ1、タキ3000●KATO

**重連対応で
汎用機に**　DD51は平坦線では単機で800t程度の牽引なら問題ないが、25‰勾配区間や急行列車の運用などでもう少しパワーがほしい時は重連で対応する。重連対応の500番台でDD51の汎用性はさらに高まった。

亜幹線の主力機として

後継機の計画が頓挫し、本線唯一のディーゼル機関車となったDD51。
結果として非電化幹線の客貨車の牽引を一手に引き受けることとなった。

特急から貨物まで

オイルショックをはじめとするさまざまな事情が重なり、結果として幹線用のディーゼル機関車はDD51に一本化された。

とはいえ運用面ではDD51は扱いやすい機関車だ。パワーの割には乙線にも入線可能で高速性能もそこそこある。牽引力は電気機関車に劣るものの重連で対応すれば1000tの貨物列車も牽引可能だ。エンジン出力もほどほどなので駆動系に大きな負荷がかからず、性能も安定しており現場の評判は決して悪いものではなかった。

そこで駆動系に無理のかかる大馬力1エンジン車ではなく、2エンジンのDD51で問題ないという考え方になり、結果としてDD51は649両が製造され、日本全国の非電化幹線を中心にブルートレインから貨物列車まで幅広く活躍することとなった。その活躍は日本全国におよび、まさに「煙の出ないD51」となった。

DD51ユーロライナーは高山本線や紀勢本線で活躍。●TOMIX

短命だったユーロ色

DD51のうち、稲沢機関区の592号機は『ユーロライナー』牽引用に専用の塗装が施された。しかしその役割は791号機にほどなくバトンタッチされ、592号機のユーロライナー色はわずか1年半で廃車となってしまった。なお、791号機は2007年まで約20年ユーロ色で活躍した。

全重連型と半重連型の外見上の違いはナンバープレートとスカート、ラジエーターなどがある。●TOMIX

半重連型と全重連型

DD51の重連仕様には半重連型と全重連型がある。違いはブレーキで半重連型は機関車のみブレーキをかける際、本務機側のブレーキしか操作できない。全重連型は本務機・補機いずれのブレーキも本務機側で操作できるようになっている。

普通列車からブルトレまで

DD51は非電化幹線を中心に旅客列車の牽引も担当。普通列車からブルートレインまで幅広く活躍しているが、スピードが要求される特急列車の場合、重連運転でパワーを稼ぐこともあり『出雲』『北斗星』などで重連運転を見ることができた。

平坦線の急行列車くらいまでなら単機でも十分賄えた。DD51●KATO、14系●TOMIX

JRでも長期に活躍

分割民営化後もDD51は非電化幹線を中心に幅広い活躍を見せた。
それは使える機関車が事実上DD51しかなかったことによるものだ。

新型機関車は必要か

国鉄が分割・民営化されても非電化幹線の主力はDD51が担っていた。とはいえこの時期には重量輸送が必要な幹線はあらかた電化され、客車列車も順次縮小傾向にあった。

つまり旅客会社にとっては客車列車を淘汰するまでの期間のために新型ディーゼル機関車を設計する動機はなく、比較的新しい重連型のDD51を使い続けていた。客車列車のほか、ジョイフルトレインの牽引などにもDD51は活用された。

貨物列車においても非電化区間の貨物列車が縮小傾向にあること、さらにJR貨物としても需要が増大する東海道本線の輸送力増強にリソースを割きたいことなどから、DD51

旅客会社の貨物列車?

高崎に配置されていたDD51はJR東日本の所有ながら、八高線でセメント列車を牽引していた。このように旅客会社の機関車が貨物列車を牽引したり、JR貨物の機関車が旅客列車を牽引する運用は過去に多数例があった。

JR東日本の高崎二区所属のDD51が担当した八高線のセメント列車。
DD51 ●TOMIX、ホキ5700 ●河合商会

カラーバリエーション

JRになってからは一部の車両がJR各社のオリジナルカラーで塗装された。有名どころではJR北海道の『北斗星』カラーやJR貨物更新車などが挙げられるが、このほか試験塗装の車両や『ユーロライナー』塗装なども見られた。

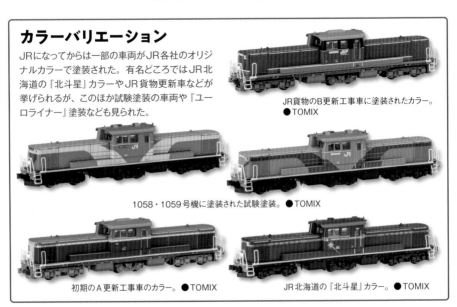

JR貨物のB更新工事車に塗装されたカラー。●TOMIX

1058・1059号機に塗装された試験塗装。●TOMIX

初期のA更新工事車のカラー。●TOMIX

JR北海道の『北斗星』カラー。●TOMIX

線路を選ばない特性が復興輸送で活かされた。DD51、コキ106 ●ともにTOMIX 写真◎金盛正樹

災害復旧に活躍

　2011年の東日本大震災や2018年の西日本豪雨などでは、利用できる線路を活用して被災地に物資を輸送したが、このとき非電化区間でも走行できる機関車としてDD51が抜擢。乙線入線可能でかつ800t程度なら勾配線でも牽引可能というDD51の特性が最大限に活かされた事例だった。

の置き換えはすぐにはじまらず、北海道各線、関西本線、美祢線などで走っていた。

更新で延命

　将来的に幹線用ディーゼル機関車の需要は大幅に減少することはわかっていたが、需要がある限りはDD51に頑張ってもらわなくてはならない。

　そこでJR貨物では1994年から延命工事をおこなった。延命工事のメニューは2種類あり、A更新工事はエンジンはそのままに老朽部品の交換をしたもの。B更新工事はエンジンもコマツ製のSA12V170-1に換装している。

コマツのエンジンは最大出力1500馬力だが、DD51に搭載したエンジンは1100馬力で運用している。ちなみにこのエンジンはDF200 50番台以降に搭載されているエンジンと同じもの（ただし冷却系は異なりDF200は最大2071馬力に達する）で、合理化に配慮しつつ更新している。

　この更新工事の際にA更新工事の車両は青を基調にした塗装に、B更新工事の車両は赤を基調に窓まわりを黒、下部をグレーにした新塗装をまとっている。このほか北海道では試験塗装車やJR北海道所有の北斗星色が見られた。

最後の客車普通列車

　DD51牽引の普通列車は2001年の筑豊本線での運転をもって終了。これが日本の定期普通客車列車の最期となった。この列車には12系が1両つながっ

ているがこれは50系のトイレが垂れ流し式のため衛生問題から使用停止し、代わりに循環式トイレがついた12系を連結したためだ。

窓が埋まった50系冷房改造車はマイクロエースから発売。DD51、50系●ともにマイクロエース、スハフ12 ●TOMIX

さらば液体式

北海道と関西本線の置き換えは電気式のDF200によっておこなわれた。
これは本線用液体式機関車の終焉を意味する。

パワーエレクトロニクスの進化

DD51が液体式機関車として登場した理由のひとつに「電気式より軽くつくれる」ということがあった。国鉄時代では汎用性を高めるため軸重14tというのは重要なポイントだったが、現代においてその特性は重要視されない。むしろ機器を小型化できるVVVFインバーター制御が一般化すると重量もそこまで重くはならず、メンテナンスフリーかつ効率のよい電気式にアドバンスがあるという流れになっていった。

室蘭本線や関西本線などの路線は線路規格が高く必ずしも軸重の軽さにこだわる必要はないということから、電気式のDF200に置き換えられた。

また、ディーゼル機関車の需要自体がたいへん小さくなっており、DD51の全般検査も2015年で打ち切られていることから、JR貨物は2021年度までに所有のDD51を全廃した。

一方、旅客会社にはお召列車の運転や工臨の運転をおこなう必要があり、非電化区間の運用にはディーゼル機関車が欠かせない。今後は何らかの形で置き換えるにしても、当面はDD51に活躍してもらうほかない。

また、下関総合車両所所属のDD51は、『SLやまぐち』の補機や故障時代走の役割も残っており、当面は活躍が見られそうだ。

技術の進化が電気式を再生

大きく重く高価という理由で国鉄時代は量産に至らなかった電気式ディーゼル機関車だが、VVVFインバーターが普及すると重量面のハンデは克服。半導体技術の進化でトルク管理も精緻となり、電気式のデメリットがあらかた解消されDF200が登場した。

DF50以来の電気式となったDF200。単機で800t貨物の110km/h運転が可能だ。●TOMIX

旅客会社に DD51が残る理由

旅客客車列車がJRから消滅してもJR東日本とJR西日本にはDD51が残っている。これは臨時列車で客車列車があることと、万一SL列車がトラブルを起こした場合の代走に適しているためだ。

『SLやまぐち』の代走用として下関総合車両所には1両のDD51が配属されている。DD51下関総合車両所、C57 1●ともにKATO

DF200

JRとしてはじめて製造された
ディーゼル機関車DF200は電気式。
国鉄のDF50以来の方式をなぜ採用したのか。
最新技術を取り入れてつくられた
機関車の内容に迫ってみよう。

DF200-7

DF200

求められたのは
速さと力強さ

**機関車の本質はパワーとスピードのバランス。
より速くよりパワフルな機関車を求めるためDF200の開発がはじまった。**

DD51の置き換え

国鉄時代、非電化幹線の客貨車輸送には DD51が使われてきたが、いちばん最近の製造が1978年のため老朽化が進行。置き換えが急務となった。

さしあたって北海道用の新型車両においては、現状で発生しているさまざまな非効率を是正する必要があった。JR化後の函館本線・室蘭本線では旅客列車の高速化が進んでおり、貨物列車も旅客列車に近い速度で走らなくてはダイヤの効率が落ちてしまう。

そのためDD51で重連運転するとエンジンが4台動いていることになり、経済性がたいへん悪い。利益を追求するJR貨物としてもこの経済性の悪さは何としても克服しなくてはな

らなかった。

そこで次世代機関車に求められる性能は、単機でかつ旅客用車両に伍した高速性能を持ち、経済性の高い機関車となる。

新しい機関車の方向性

DD51は800tの列車を95km/hで牽引することを前提に設計されている。しかしこの性能は平坦線においてであり、10パーミル勾配の負荷がかかると速度はたちまち30km/hまで落ちてしまう。

また、ディーゼルエンジンは最高回転数付近で最大の馬力を発生するが、回転数が上がりきらないとパワーはその分落ちてしまう。カーブの速度制限区間やそこからの再加速などではパワーが不足し加速が悪くなってしま

パワー不足

DD51は平坦線であれば800tの貨物列車を85km/hで牽引できるだけの力を持つが、これが10‰勾配となると30km/h程度、25‰勾配では重連にしないと性能的に厳しい。次期新型機では1200t牽引で100km/h程度での運転ができる性能が出せないかが検討された。

DD51は汎用性を高めるために軽量設計が施されており、牽引力はある程度妥協された部分もあった。●KATO

機関車2両分の保有コストもさることながら、線路使用料も1両分増えてコストが上がってしまう。●KATO

輸送コストの削減

　模型的には重連運転はたいへんかっこいいが、1列車の輸送に2両の機関車を使うのは不経済。DF200ではこの点も考慮され、十分なトルクを出すためにF形とした。液体式でF形となるとトルクコンバーターやドライブシャフトの配置をどうするかが問題になる。これを解決するために電気式を採用するのが有利と判断された。

スピードアップは急務

　JR北海道は航空機や高速バスに対抗するため、積極的にスピードアップを展開していた。しかし貨物列車の速度が従来のままでは追い越しや交換待ちなどの制約がかかり、ダイヤの柔軟性がそがれてしまう。そのためDF200には特急列車に伍した高速性能を持たせる必要があった。

DD51は旅客列車の高速化についていけず、500t程度の客車列車でも重連運転が必要だった。左からキハ281系●マイクロエース、キハ283系●KATO

うのだ。
　そこでDD51ではトルクコンバーターを3段にして、速度域によるパワーのムラを解消していた。
　しかし、国鉄やJRではDD51以降本線用の液体式ディーゼル機関車は製造しておら

ず、長い技術的な空白が生まれていた。
　新規に効率のよいトルクコンバーターを開発するか、それともまったく新しい考えかたでディーゼル機関車を開発するのか。
　こういったことも踏まえ、次期ディーゼル機関車の方向性は決められていくことになる。

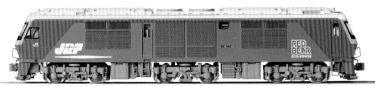

試作車の運用結果を鑑みて12両が製造された0番台。外観も試作車から大きく変わった。●KATO

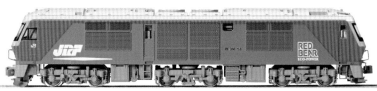

50番台でエンジンがドイツMTU社製からコマツ製に変わった。RED BEARの愛称が車体に貼られたのもこの番台から。●KATO

技術の進歩で
電気式を採用

国鉄はDF50以降一貫して液体式を選択してきたが、DF200は電気式を選択した。
それには技術の進歩が大きく絡んでいる。

液体式にはこだわらない

　電気式ディーゼル機関車はエンジンは駆動用ではなく発電用とし、エンジンで発電機を駆動し、そこでつくられた電気でモーターをまわして走行する。

　一方、液体式はエンジンで発生した回転力をトルクコンバーターでトルクに変換。この力をドライブシャフト経由で駆動力にしていた。

　液体式は軽量化が可能という利点があったが、電気式ではエンジンと発電機、さらに制御器を搭載すると出力の割に大きく重くなってしまう。日本全国あらゆる路線で運用することを考えると軸重は14t程度にしたいため、電気式の採用はかなわなかった。

　しかしDF200に関しては、まず函館本線と室蘭本線の事情だけを考えればよかった。これらの重幹線であれば軸重は16t程度まで許容できる。さらに技術の進歩でエンジンも発電機モーターも軽くつくれるようになっていた。

DD51重連同等のトルク

　エンジンはドイツMTU社製のものを採用。これは当時、小型かつ大馬力のエンジンを製造できるメーカーとしてMTU社がもっとも有

いろいろ妥協した点はあるが、取りまわしは決して悪くないDD51。
●マイクロエース

DD51の成功

　電気式か液体式かで模索を続けた国鉄も、DD51の成功で液体式にかじを切ることにした。実際、DD51は2エンジンでパワーも小さく経済性はあまりよくないが、車体を軽くつくれる液体式は日本の貧弱な線路にマッチしたといえる。

気動車も当初電気式と液体式が試作されたが、キハ10からは液体式で一本化された。●TOMIX

簡易線の軸重は12t。この許容軸重でまともなパワーを出すには液体式以外選択肢がなかった。DD16●KATO

国鉄のインフラと液体式のマリアージュ

　鉄道車両の性能はインフラが貧弱では思うように向上できない。とくに日本の鉄道はインフラが貧弱で、機関車でも軸重16tとなると走れる線区が限定される。そんな環境下で電気式のメリットを引き出すことは困難で、結果液体式が天下を取ることになった。

終戦後アメリカが日本に持ち込んだ電気式のDD12。入換機であれば電気式もうまく活用された。●ワールド工芸

電気式の利点

電気式はモーターの特性を活かすことで幅広い速度域でパワーが出せる。モーターを大きく重くすればトルクを増すことができるが、その代償として車重が増えてしまうのが欠点で、貧弱な日本の鉄道では電気式の利点を活かせなかった。

ディーゼル機関車形式別特徴

方式	利点	欠点
機械式	シンプルな機構で高い伝達効率を得られる。	重連運転やエンジンの大馬力化が困難（※）、運転操作が複雑になる。
液体式	1000馬力程度であれば軽量小型に機器類をまとめられる。トルクコンバーター次第で低速トルクは大きくできる。	パワーを大きくすると駆動系も相応に強化する必要がある。トルコン内の油温管理などで運転操作が電気式にくらべやや制限がある。
電気式	パワーや速度を出しやすく、構造もシンプル、構造の自由度も高い。	パワーを大きくすると比例して大きく重くなる（※）。機器が増えるため製造費が高価になりがち。

※電子制御によってある程度の改善は可能

電気式の「重量がかさむ」問題を解決できず、汎用性の獲得に至らず6両で製造終了となったDD50。●マイクロエース

不遇だったDD50

日本初の幹線用ディーゼル機関車として登場したDD50形は、2両1組でようやくC62蒸気機関車と同程度の性能。それでいて重量は重く価格は高価とあって使える路線があまりなく、製造は6両で終了。DD50の実績をもとにDF50形へと製造がバトンタッチされた。

力だったためだ。

モーターは320kWの交流誘導モーターを6台。総出力は1920kWとなる。DD51重連の約3236kWとくらべるとずいぶん小さく見えるが、モーターは適切なギア比を選べば全速度域でトルクが出せる。したがってトルクでみればDD51重連の3万3600kgに対してDF200は3万3390kgと、1両で重連分の数字となる。800t牽引であれば110km/hで走行可能な性能を確保した。

DF50の評価

軸重14tの制限下ではエンジンの出力増大にも限界があった。●KATO

DD50で露呈した非力さを是正しつつ、かつ丙線規格の線路でも運用できるよう6軸F型となったDF50。機構の制約から起動トルクに全振りした結果、450t牽引で10‰の均衡速度は38km/hと高速性能が致命的に低く、性能的にはとても満足のいくものではなかった。

電気式DLの試行錯誤

ディーゼル機関車の黎明期、外国のメーカーと技術提携して、9形式が国鉄で試運転をおこなった。その結果をもとにDF50が生まれたが、馬力当たりの価格がたいへん高価で経済性の問題は解決できなかった。

（左）DF40は川崎車両が製造した電気式ディーゼル機関車。トルクは10800kg。最高速度は75km/hだった。●マイクロエース

（中）DF90は日立製作所製電気式ディーゼル機関車。トルクは11820kg、最高速度は100km/hだが重量は90tを超えた。●マイクロエース

（右）DF91は日立製作所製電気式ディーゼル機関車。もともと外国に輸出する機関車を1か月ほど国鉄が借用した。トルクは14700kg。●マイクロエース

北海道の主力に成長

幹線専用と割り切った設計のDF200は、目論見通り北海道の主力に成長したが、
そこには残念な「現実」があったのもまた事実だ。

北海道でDD51を置き換え

DF200は1994年から量産車が製造され、鷲別機関区に集中配置されて札幌貨物ターミナル〜五稜郭・帯広貨物駅間で運用を開始した。目論見通り800tの貨物列車を110km/hで牽引し、2013年度までに北海道エリアのDD51を置き換えた。

唯一北海道で問題になったのは石北本線だった。ここは季節輸送の玉ねぎ列車で有名なところだが、線路の許容軸重は15t。そのためDF200の入線に際し試運転がおこなわれ、一部線路の改良や速度の抑制などを経て、2014年度から入線している。

許容軸重を多少オーバーしていても、列車本数が少なく速度も低ければ、線路破壊の度合いは小さくなる。あとはカーブや橋梁などを部分的に強化すれば入線は可能という理屈だ。

貨物輸送の「現実」

道内の貨物列車用として製造されたDF200だが、1両だけJR九州が製造している。これは『ななつ星in九州』牽引用の7000番台で、旅客列車牽引用ということで仕様は大きく異なっている。外見は77系客車に合わせたつややかなロイヤルワインレッド。連結器も衝撃を吸収できる密着自動連結器になっているほか、機能面でも静粛性を高める改良を施している。

この7000番台を含めてもDF200の製造両数は50両。北海道内の運用とはいえこの両数で北海道の全貨物列車を賄えてしまえるほどに、鉄道貨物は縮小してしまっているというのもまた「現実」なのだ。

最高速度110km/h

DF200登場の頃、函館本線・室蘭本線は『スーパー北斗』『スーパーホワイトアロー』など高速の特急列車が雁行する特急街道。DF200にはこれら特急に伍して走行する高速性能が求められた。そのためモーターの大出力もさることながら、エンジンの冷却にも大変気を使ったデザインとなっている。

模型でも牽引する貨車は最高速度110km/hに対応したコキ100系や最高速度95km/hのタキ1000形などを選ぶといいだろう。コキ106、タキ1000●ともにKATO

DF200に限らず箱型機関車は機器配置の関係から車高が高くなる傾向にある。DF200、DD54●ともにKATO

高い車高の理由

　DF200の車高は車両限界一杯の高さである4078mm。これはエンジンや発電機などの機器を効率的に配置し、さらに機器冷却のために空気が流れる空間も確保するためだ。これでもかなりギリギリで、エンジンの小型化がDF200開発のキーポイントとなるほどだった。

乗務員扉の位置

機器配置を優先した結果中央に配置された乗務員扉。●KATO

　DF200の乗務員扉は向かって左側の扉は車体中央付近、向かって右側は乗務員室の直後に設置されている。これは車体中央に冷却系、その両端にエンジンと発電機、さらにその隣に制御器を配置した結果、乗務員扉を運転室直後に配置できなくなってしまったためだ。

旅客列車も牽引?

　DF200は7000番台をのぞいてJR貨物の所属なので旅客列車の牽引は原則としてしない。しかし『カシオペアクルーズ』や『北斗星』用24系の廃車回送などで客車牽引もたびたびおこなわれている。

断面の大きなDF200は『カシオペア』E26系とよく調和する。DF200・E26系●ともにKATO

重連ではないけれど

　DF200は前述の通り重連運転は考慮していない。しかし石北本線の貨物列車は途中でスイッチバックをする関係で、編成の両端に機関車をつないだプッシュプル運転をおこなう。コキ8両程度の両端に2両の機関車がつながる光景は石北本線ならではだ。

コキ8両程度でまとまる編成なので模型でも再現しやすい。DF200・コキ106・コキ107●すべてTOMIX
写真◎金盛正樹

ついに本州進出

DD51の置き換えは北海道にとどまらず本州にもおよびはじめた。
そして関西本線の置き換えにもDF200が起用された。

改造で登場した200番台

　2013年度に北海道のDD51を置き換えたDF200だが、当時非電化区間で貨物輸送をおこなっている路線は北海道以外にも何か所か残っていた。

　中でもDD51が貨物輸送にあたっていた関西本線への対応は急務だった。そこで北海道のDF200のうち8両を本州向けに改造して置き換えることにした。

　このDF200は200番台の番号が符番されているものの、新製ではなく100番台を改造したもので、保安装置の変更と市街地走行向けに防音対策を施している。

保守体制と入線制限

　なお、愛知機関区に配属され関西本線での運用を開始したDF200だが、たった8両の

ために検査設備を名古屋に置くのも不経済ということで、全般検査は北海道の苗穂車両所で担当している。

　DF200の軸重が問題になりそうだった四日市港線末広橋梁は、複数回の試運転で問題のないことが確認され、2019年からDF200が運用に入っている。

　2021年3月のダイヤ改正で関西本線の貨物列車もDF200に置き換えられた。2022年7月13日のJR貨物記者会見では「何らかの事情で機関車の不足が起きない限り、国鉄由来の機関車の新たな全般検査はおこなわない」と明言された。

　なお、DD51の置換は上記のようにDF200でおこなわれたが、入換を中心に使われていたDE10は、軸重14.7tのDD200によって置き換えられた。

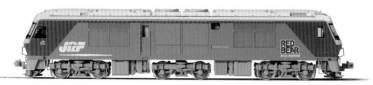

50番台をベースにコントローラーがGTOからIGBTになった100番台。模型的には50番台と違いはほとんどない。●TOMIX

関西本線の市街地を走行するため100番台機を防音強化したのが200番台。外観は100番台とほぼ変わらない。●TOMIX

ななつ星in九州牽引用の7000番台。この車両のみ外観が大きく異なる。●KATO

専用用途のDLたち

華やかな客車列車や長大貨物列車の牽引ばかりが機関車の仕事ではない。
地味ではあるが車両基地などでの入換や除雪などでの活躍も見逃せない。

入換機関車

特別な能力が必要

　入換とは、貨車や客車を列車に合わせて組成するため、車両を移動し、連結解放をおこなうこと。客車や貨車は、動力車である機関車に移動してもらわなければならない。

　そこで活躍するのが入換用機関車だ。操車場で大量の貨車の入換をおこなう際は、機関車が牽引するすべての車両のブレーキを受け持つので、入換用機関車にとって強いブレーキ力も必要な要素のひとつ。

DD13

都市近郊の無煙化を達成するために開発された入換用機関車。しかし、牽引力・ブレーキ力とも蒸気機関車の9600におよばず、完全に無煙化を達成するまでは至らなかった。DD13
●マイクロエース

DE10

入換のほかに本線列車の牽引も考慮され、SG搭載や、高低速の切り換えなど、さまざまな機能を備えた万能機がDE10だ。708両も製造され、JR貨物でも入換の主役を張っていた。DE10 JR貨物更新車●TOMIX

DE11

DE10に死重を積み、軸重を増し、牽引力・ブレーキ力ともアップした入換専用機がDE11だ。DE11の登場により大型蒸機の入換機を置き換え、操車場の無煙化を達成した。DE11
●マイクロエース

DD16

ローカル線用の貨物牽引機だったDD16は、貨物列車の廃止によって失業した。しかし、貨車移動機にくらべて牽引力が大きいため、工場内で入換に使われた車両もあった。DD16 20大宮工場●マイクロエース

除雪用機関車

ラッセル・ロータリーとセットで

蒸気機関車時代は事業用貨車の雪カキ車を使って線路の除雪がおこなわれた。しかし、貨車タイプの雪カキ車は機動性に乏しかったため、ディーゼル機関車時代になると、その機動性をフルに生かした除雪用機関車が開発される。

最初はDD13にラッセルヘッドを取り付けたDD15が登場。同じくDD13を基礎としたロータリー雪カキ車のDD14、DE10にラッセルヘッドを取り付けたDE15、最強の名をほしいままにしたDD53などが製造された。

日本では珍しいエンドキャブタイプの車体を持つ。1軸台車のロータリーヘッドを装着して除雪にあたる。ロータリーヘッドを外して列車の牽引や、峠越えの補機にも使用された。DD14
●マイクロエース

DD14

DE10とほぼ同じだが、2軸台車のラッセルヘッドを連結すると除雪機関車に早変わり。当初は片ヘッドだったが、後に両ヘッドとなり、より機動性が向上した。単線用と複線用がある。DE15複線用●マイクロエース

DE15

DD53

国鉄史上最強の除雪用機関車。DD51を母体とし、補機を連結すると「キマロキ」編成を上まわる除雪能力を誇り、高速除雪もおこなえるため、上越線などの幹線で活躍した。DD53●マイクロエース

DD16
簡易線用DD16の前後にラッセルヘッドを連結して、除雪の任にあたる。軸重制限が厳しいため、ラッセルヘッドはボギー車となっているのが特徴で、冬期は3両編成の堂々たる除雪機関車となる。DD16 300番台+ラッセルヘッド●マイクロエース

エヌライフ選書

Nゲージモデルで知る
型式ガイド 機関車編

2023年9月25日発行

表紙・本文デザイン	川井由紀
撮　影	金盛正樹・米山真人・奈良岡 忠・佐々木 龍

発行人	山手章弘
編　集	森田政幸／宇山好広
出版営業部	国井耕太郎／右田俊貴／卯都木聖子／吉成 光

発行所　イカロス出版株式会社
　　　　〒101-0051
　　　　東京都千代田区神田神保町1-105
　　　　TEL 03-6837-4661（出版営業部）

印刷所　図書印刷株式会社
Printed in Japan